Episodes From
the Early History of Mathematics

초기수학의
에피소드

Episodes From
the Early History of Mathematics

초기수학의
에피소드

A. 아보에 엮음
김안현 · 이광연 옮김

KM 경문사

초기수학의 에피소드
Episodes From the Early History of Mathematics

엮은이	A. 아보에
옮긴이	김안현·이광연
펴낸이	박문규
펴낸날	1998년 12월 15일 1판 1쇄
	2003년 6월 20일 1판 3쇄
펴낸곳	<km 경문사
등 록	1979년 11월 9일 제9-9호
주 소	121-818, 서울특별시 마포구 동교동 184-17
전 화	(02)332-2004(영업부) 336-3004(편집부)
팩 스	(02)336-5193
E-mail	kms2004@kyungmoon.com

값 10,000원

ISBN 89-7282-627-8

★ 경문사 홈페이지에 오시면 즐거운 일이 생깁니다.
http://www.kyungmoon.com

옮긴이의 말

수학 이론이 발전하는 과정에서 어느 순간에 수학적 사고가 관찰력과 탐구정신이 강한 과학자와 만나서 성취된 결과는 만유인력 법칙의 발견에서부터 상대성 이론에 이르기까지 인류 역사의 흐름에 막대한 영향을 끼쳤다. 즉 인류 역사를 만들어 가는 것은 인간 자신이지만, 역사 창조를 주도해 가는 사람을 지배하는 사고는 수학에 바탕을 둔 과학이라는 점에서 수학적 사고는 그만큼 중요하다. 그러나 사고 자체가 편한 것을 지향하는 우리 인간에게는 수학적 사고가 부담이 될 수밖에 없는 만큼 일반인들은 수학에 어떤 괴리감을 느끼는 것이 사실이다.

아침에 일어나 논리적으로 무리 없이 일상 생활을 영위하려고 노력하듯이 그것 또한 논리적 사고의 일부분일 뿐이라는 자연스러운 현상으로 받아들이면 어떨까. 수학적 사고는 어느 특정인들의 전유물이 결코 아닌 만큼, 과거의 위대한 수학자에 대한 생애와 업적을 소개함으로써 현대를 살아가는 청년들이 여기에 자극받아 위에서 언급한 거리감을 조금이나마 해소할 수 있도록 도와 주는 것이 수학자로서의 소임의 일부라고 생각한다. 때문에 옮긴이는 평소에 고등학생, 학부의 저학년 정도에서 부담 없이 수학적 사고를 자극받으면서 비교적 흥미 있게 읽어 나아갈 수 있는 *Episodes from the Early History of Mathematics*

를 번역하여 소개하기로 하였다. 이 책을 통하여 바빌로니아인들의 지혜를 배우고 유클리드, 아르키메데스, 프톨레마이오스의 생애와 업적을 조금이나마 체험하여 수학에 대한 새로운 면을 발견할 수 있는 기회가 되었으면 하는 바람이다. 지은이가 전달하고자 하는 의도를 살려서 번역을 하려고 많은 노력을 하였지만 부족한 점이 많을 것이라 생각한다. 이 책을 읽는 중 발견한 오류에 대해서 제언을 주시면 항상 귀기울여 더 좋은 번역서가 되도록 고쳐 나아갈 것을 약속한다.

끝으로, 이 책의 원본에 대한 소개에서부터 번역 작업을 처음부터 독려해 주시고 원고를 몇 차례씩이나 읽어 주신 성균관대학교 이우영 교수님, 서울교육대학교 신항균 교수님께 진심으로 감사를 드린다. 또한 타이핑을 정성스레 도와준 학생들과 이 책이 출간되기까지 지원을 아끼지 않으신 경문사 박문규 사장께 깊은 감사를 표한다.

1998. 9.　옮긴이 씀.

차 례

옮긴이의 말 v

머리말 1

제1장 바빌로니아 수학
1. 근 원 7
2. 바빌로니아 수 체계・곱셈표 10
3. 바빌로니아 수 체계・역수표 15
4. 위치 수 체계 23
5. 바빌로니아의 산술 31
6. 세 가지 바빌로니아 수학 주제 34
7. 요 약 43

제2장 초기 그리스 수학과 유클리드의 정오각형 작도
1. 근 원 51
2. 유클리드 이전의 그리스 수학 55
3. 유클리드의 〈원론〉 70
4. 유클리드의 정오각형 작도 83

제3장 수학에서의 아르키메데스의 3대 업적
1. 아르키메데스의 생애 115
2. 아르키메데스의 업적 122

3. 정다각형의 작도　130
4. 아르키메데스의 각의 삼등분　137
5. 아르키메데스의 정칠각형 작도　141
6. 〈방법〉에 의한 구의 체적과 표면적　149

제4장　프톨레마이오스의 삼각표 작성

1. 프톨레마이오스와 〈알마게스트〉　163
2. 프톨레마이오스의 현표와 그것의 사용　166
3. 프톨레마이오스의 현표 작성　182

부　록 / 프톨레마이오스의 주전원 모형　206
문제 풀이　210
추천 도서　215
찾아보기　219

머리말

어떤 학생이 갑자기 외국의 학교로 전학한다면 당연히 대부분의 교과목에서 쩔쩔맬 것이다. 어학과 언어의 의존도가 매우 높은 문학같은 과목은 나라마다 근본적으로 다르고, 역사같은 과목은 한 나라 안에서조차 지역에 따라 다르게 해석되기도 한다. 그러나 과학과 수학은 비록 장소에 따라 순서나 표현의 자세한 형식은 다를지라도 근본적으로는 국제적이기 때문에 학생이 매우 편하게 느낄 것이다.

그런데 학생이 다른 장소뿐만 아니라 다른 시대 ──예를 들어, 이천 년 전의 그리스나 사천 년 전의 바빌로니아── 로 전학했다면 내용 면에서나 방법 면에서 과학이라고 생각되는 것을 찾기는 어려울 것이다. 아리스토텔레스 시대에 운동의 근본원리와 특성을 논의한 소위 '물리학(Physics)'이라 하는 것을 우리는 철학으로 분류하며, 그것과 현대 물리학과의 관계는 자연과학의 발전을 자세하게 연구한 후에나 연관된다. 수학만이 학생에게 지금처럼 친숙하게 보일 것이다. 그는 바빌로니아의 동료들과 함께 이차 방정식을 풀 수도 있고, 그리스인들과 기하학적인 작도를 할 수도 있을 것이다. 이것은 수학이 전혀 차이가 없다는 것이 아니라 내용은 같고 형식만이 다르다는 것이다. 바빌로니아의 수 체계가 우리와 같지는 않았지만 이차 방정식을 푸는 바빌로니아인의 공식은 오늘날에도 사용되고 있다.

시간과 문화적 환경에 구애받지 않는 수학의 독보적인 보편성과 영속성은 수학 본연의 특성으로부터의 직접적인 결과이다. 나는 2장에서 수학적 이론의 구조에 관하여 이야기할 것이기 때문에 여기에서는 우리 주제의 독특한 특징 몇 가지만을 주의 깊게 묘사할 것이다.

먼저, 수학은 쌓아 나가는 것이라는 사실을 말하지 않을 수 없다. 즉, 수학은 결코 영역이 줄어드는 분야가 아니고 끊임없이 외부로 경계를 넓혀간다는 뜻이다. 이는 한 시대의 훌륭한 수학이 역사에서 사라지지 않고 계속 수학적 지식으로 남아 있다는 수학의 절대적 기준의 결과이기도 하다. 이런 꾸준한 진보는 어떤 이론이 급진적인 변혁에 따라 가치가 없어지기도 하고 갑자기 그 가치가 부각되기도 하는 물리학의 발전과는 대조적이다. 그래서 그리스의 물리학이 현대 물리학자들에게 역사적인 흥미만을 제공하는 반면에, 그리스의 수학은 여전히 현대 수학자들이 무시할 수 없는 훌륭함을 지니고 있다. 영국의 수학자 리틀우드는 그리스 수학자를 영리한 학생 또는 "장학금을 받을 만한 학생"이 아니라 "다른 대학의 교수"로 생각해야 한다고 비유했다.

수학의 또 다른 면으로 수학은 연역적이라는 것이다. 수학 이론은 명백하게 서술된 공리들로부터 논리적 추론에 의하여 점진적으로 확립된다. 이것은 어떤 정리의 내용은 그것을 공리에 연관시키는 그 정리보다 앞서 나타난 모든 정리들의 지식을 함의하거나 함의되어야 한다는 것이다. 그래서 수학을 시작하는 사람은 반드시 처음부터 시작해야 하고, 그 처음은 본질적으로는 종종 오래 된 것이다. 나는 이 점을 신기한 표현법으로 내 기억 속에 자리잡고 있는 생물학적 명언으로 설명할 수 있다. 그것은 **개체 발생은 계통 발생을 되풀이한다**는 말인데, 이것은 개체의 발달로 전체 종의 발달을 알 수 있음을 의미한다. 이것을 문자 그대로만 받아들이면 온갖 궤변이 나올 수도 있으나, 이 명언이 진리를 포함하고 있다는 사실은 충분히 검증되었다. 같은 비유로, 이것은 수학자라는 종에도 적용된다. 어떤 수학자의 태생적 발달, 즉 그를 처음부터 그의 시대의 연구에까지 도달하게 하는 교육은 실제로 수학 자체의 발달을 거칠게 뒤따르고 있다.

그러므로 원하든 원하지 않든, 수학에서 과거는 우리에게 매우 큰 영향을 끼치며, 수학자는 자신이 원하든 원하지 않든 수학적 경향이 요구하는 형식에 관계 없이 본질적으로는 고대 수학을 공부하는 것으로써 시작해야 한다. 또한, 수학자들은 당연하게 그들의 분야가 아주 오래 된 것을 자랑스러워한다. 수학은 수학사의 연구조차도 대부분의 과학보다도 훨씬 먼저 학문적 연구분야로 인식되었을 만큼 오래 된 과목이다. 그래서 수학을 공부하는 학생들에게 수학의 역사를 잘 알려 주는 것은 지극히 당연한 일이며, 이 작은 책이 거기에 일조하였으면 한다.

나는 수학의 시작에서부터 현재까지의 전체 수학사를 조망하려고 하지는 않았다. 적당한 분량으로 제한된 이런 시도는 수학적 자세함에서 미약한 면도 있고, 피상적인 사실까지도 자세하게 알 수 있을 만큼 수학을 충분히 연구한 사람에게나 의미가 있다.

그래서 초기 수학사에서 네 가지의 에피소드를 선택했고, 그것들의 독특한 배경에 대한 내용을 전달하는 설명을 자세하게 다루었다. 주제를 선택한 기준은 무엇보다도 고등학교 대수와 기하 지식이 있는 학생이라면 이해할 수 있는 수학적 내용을 가져야 한다는 것이었다. 그래서 극한과 미적분학을 다루는 것은 배제했다(단, 넣지 않을 수 없었던, 아르키메데스가 구의 부피와 표면적을 발견한 짧고 세련된 추론은 예외이다). 나아가 수학적으로 의미가 있고 그들의 시대와 발견자들의 대표적인 것으로서 아직 수학사에서 잘 다루지 않은 것을 선택했다. 또한 그것들이 독립적으로 다루어지긴 하지만 약간의 공통적인 주제와 착상을 지니고 있는 것을 선택했다.

내가 이 책에서 다룰 주제는 최근에 해독된 쐐기문자로 씌어진 책으로부터 얻어낸 바빌로니아 수학의 소개, 유클리드 〈원론〉(Elements)에 있는 정오각형 작도법, 아르키메데스 수학의 간단한 세 가지 예, 즉 각의 삼등분과 정칠각형의 작도 그리고 구의 표면적의 발견, 마지막으로 프톨레마이오스의 〈알마게스트〉(Almagest)에 나타난 그리스의 삼각법이다. 이 책에서 고대 수학에 대한 지식의 근원이 무엇인가를 강조하려고 노력했고, 될 수 있는 한 현대 독자들이 이해하기 쉽게 설명하려고 노력했다.

그리스 수학에서 자주 제기된 주제는 원의 등분이라는 문제이다. 유클리드는 컴퍼스와 눈금 없는 자만을 이용하여 원을 오등분하는 성과를 거두었고, 아르키메데스는 보다 복잡한 도구를 사용했으며, 프톨레마이오스는 원주의 적당한 부분에 대한 현의 길이를 계산하는 데 관심이 있었다. 바빌로니아 수학의 중추인 바빌로니아 수 체계는 단지 분수를 표현하기에 적당하다는 이유로 프톨레마이오스에게 받아들여졌다(그리고 지금까지 각과 시간의 단위에 쓰이고 있다). 바빌로니아 수학의 영향은 이차 방정식에 대한 유클리드의 공식에서 찾을 수 있는데, 유클리드의 풀이 방법이 바빌로니아의 풀이 방법과 외견상으로는 다를지라도 접근방법에서는 유사한 점이 많다. 나는 네 장의 연관성을 독자들이 발견하기 바란다.

끝으로, 마지막 세 장의 그리스 이름에 관하여 사과가 곁들인 두 가지 주의를 언급한다. 첫째는, 그것들의 철자에 일관성을 두지 않고 연필이 움직이는 대로 단순히 써 내려갔다는 것이다. 만약 어떤 독자가 특정한 이름의 그리스 표기법에 관심이 있다면 내가 쓴 철자법을 쉽게 고칠 수 있으며, 예로부터 써 오던 Plato, Aristotle, Euclid 등과 같은 철자법을 일관하여 쓰지는 않았다. 둘째는, 이 책에서 한두 번 대수롭지 않게 나오는 그리스 수학자와 학자들의 이름이 많은데, 그것들을 생략하는 편이 더 낫다는 의견이 옳을 수도 있다는 것이다. 그러나 가령 "스토바에우스가 말하기를" 또는 "옛 문헌에 의하면" 중에 하나를 선택하여 써야 할 때에는 항상 전자를 택했다. 왜냐하면 어떤 사실을 정확하게 표현할 수 있는데 구태여 부정확하게 표현하는 것은 좋지 않기 때문이다. 참고 문헌을 찾기 원하는 독자에게는 이런 방법이 도움이 될 것이고, 그렇지 않은 독자에게도 나쁠 것은 없다. 그러나 이 책을 더 이상 학문적으로 세세하게 쓰려고 법석을 떨고 싶지는 않은데, 아무튼 이 책의 끝에 참고 문헌을 모두 제시하였다.

    먼 옛날의 위대한 지성들의 사고 방식을 알아보는 것은 매우 흥미 있는 일이며, 다른 어떤 곳보다 훨씬 확실하게 공명이 일어날 수 있는 곳은 바로 수리과학이라는 것을 누구나 인식할 수 있다. 이것은 먼 옛날에 처음으로 지나갔던 길을 따라가면서 여러 가지를 보는 특권이거나, 과거의 명언들을 이미 죽은 고대인들의 입으로 듣는 특권이다. 그러나 고대 수학자들을 알 수 있는 책은 거의 없다. 만약 이 작은 책이 이것을 읽은 독자들의 일부를 그렇게 하도록 이끌 수만 있다면 목적은 달성된 것이다.

 바빌로니아 수학

1. 근 원

바빌로니아 수학이라고 하는 것은 고대 메소포타미아 ──이 나라는 유프라테스 강과 티그리스 강 사이에 있었고 대충 오늘날의 이라크 지역이다── 에서 발달한 수학을 의미한다. 그러므로 우리가 사용하는 바빌로니아는 통상적으로 바빌론이란 도시 근방의 나라를 지칭하는 근동의 정치적인 역사를 말할 때보다 넓은 의미이다.

극히 최근까지 바빌로니아 수학은 칼데아인의 고전적인 그리스 문헌인 〈수학자와 천문학자로서의 바빌로니아인〉 안에 여기저기 흩어져 있는 내용을 통해서만 알 수 있었다. 이런 참고 문헌을 근거로 바빌로니아인에게는 일종의 수(數) 신비주의가 있었던 것으로 추측하였으나 이제는 이 추측이 얼마나 사실과 동떨어졌던가를 알게 되었다.

19세기 후반에 고고학자들은 메소포타미아에 있는 고대 도시 흙무덤을 발굴하기 시작했다. 이런 흙무덤들은 고대 유서 깊은 도시의 파편들로 이루어진 것이다. 집은 대부분 오늘날까지도 종종 사용되는 굽지 않은 흙벽돌로 지어져서 비에 조금씩 씻겨내려 갔다. 같은 자리에 새 집을 계속 지었기 때문에 바닥이 조금씩 조금씩 높아져서 지금과 같은 흙무덤이 만들어졌다. 이런 과정은 계속되어 몇몇 도시의 흙무덤 꼭대기에는 지금도 사람들이 살고 있어서 고대 도시의 직접적인 후예가 되고 있다. 따라서 흙무덤의 수직 단면을 만든다면 한 도시의 서로 다른 단계들이 아래에서부터 오래 된 순서로 층층이 쌓여 있는 모습을 발견할 수 있을 것이다.

흙무덤의 발굴로 빛나는 고대 문명의 많은 유물 중에서 글자가 새겨진 수많은 점토판이 출토되었다. 이것들 중 일부가 수를 다룬 것이라는 사실은 일찍이 알려졌으나, 바빌로니아 수학의 완전한 이해와 평가가 이루어진 것은 불과 30여 년 전의 일이다.

현재 꼼꼼하게 번역되고, 포괄적이고 권위 있는 설명이 된 수학적 내용을 담은 400여 개의 점토판이 있다. 이 점토판들은 여러 나라의 박물관에 소장되어 있는데, 동일한 점토판의 조각들이 서로 다른 박물관에 있기도 하다. 이들 중 단지 몇 개만이 깨지지 않은 것인데, 깨지지 않은 어떤 점토판은 손바닥 크기만 하고 대개는 굽지 않은 점토로 만들어졌다. 점토판이 마르기 전에 철필로 긁어서 만든 쐐기 모양의 표시로 수를 나타냈기 때문에 이것을 **쐐기문자**(cuneiform)라고 한다. 이런 점토판 대부분은 기원전 1700년경의 두 세기 동안에 만들어진 것이고, 일부분은 기원전 마지막 3세기 동안 만들어진 것이다(이 두 부류 사이에 오랜 시간차가 있었던 것에 대한 충분한 설명은 아직 되지 않았다). 수학 점토판에 씌어진 내용을 보고 그것이 어느 시기에 만들어졌는지 알 수 없기 때문에 수학 점토판이 만들어진 시기는 그것이 발견된 흙무덤 층이나 새겨진 문자의 형태로부터 추측할 수밖에 없다. 바빌로니아 수학은 혼란스러운 정치적 변화에도 불구하고 그 특성이 거의 이천 년 동안이나 유지되었을 뿐만 아니라, 동일한 영역 안에서 그 내용이 유지되었다는 사실이 최근 두 세기 동안 수학과 과학의 폭발적인 발전에 익숙해진 우리에게는 신기하게 보인다. 우리가 얻을 수 있는 자료에서는 어떠한 발전의 흔적도 전혀 찾을 수 없다(그러나 바빌로니아 수 체계의 초기 형태를 보여 주는 매우 오래 된 점토판이 약간 있으며, 후에 만들어진 자료에서 좀더 발전된 수 체계를 찾을 수도 있다). 그러므로 바빌로니아 수학은 순식간에 만들어지고, 짧은 기간 동안 급속하게 발전하였으며, 그 후 오랜 동안 정체 상태가 계속되었던 것처럼 보인다. 바빌로니아 수학의 창시자들에 대하여 우리가 아는 것은 그들의 업적뿐이다.

2. 바빌로니아 수 체계·곱셈표

바빌로니아 수학에 접근하기 전에 우리는 반드시 바빌로니아 수학에 폭넓게 영향을 미친 바빌로니아 수 체계를 인식해야 한다. 나는 아무런 사전 지식 없이 자료만으로 이 수 체계의 구조를 어떻게 알아 낼 수 있는지를 보여 줄 것이다. 물론 이것은 최종 결과를 알면 더 쉽다. 그렇다고 해서 처음으로 해독에 성공했던 끈기 있는 학자가 직면했었던 어려움을 과소 평가해서는 안 된다.

그림 1.1은 어떤 고대 바빌로니아 점토판의 앞뒷면이다. 각 면은 두 열로 나타낸 단순한 기호들로 이루어져 있다. 양쪽 면을 합하여 각 열은 24칸으로 이루어져 있으나, 당분간 마지막 칸은 무시하자.

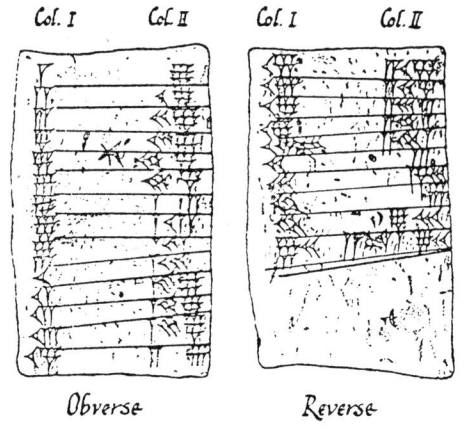

그림 1.1

1열을 맨 위에서부터 살펴보자. 첫번째 성분은 한 개, 그 다음은 두 개, 세 번째는 세 개의 수직쐐기이다. 이것은 1, 2, 3으로 읽는 것이 자연스럽다. 마찬가지로 나머지 여섯 칸도 수직쐐기의 개수에 따라 각각 4, 5, 6, 7, 8, 9로 쉽게 읽을 수 있다. 그런데 이것들이 한 줄에 세 개 이하로 배열된 것을 볼 수 있다. 따라서 8은 세 개의 쐐기를 두 줄, 두 개의 쐐기를 한 줄로 하여 나타내고 있다. 9 다음에는 새로운 기호인 수평쐐기가 있다. 만약 이것을 10으로 읽는다면 나머지 여덟 개의 칸은 한 개의 수평쐐기와 이미 해독한 1에서 8까지 표시의 합성이므로 어렵지 않게 알 수 있다. 그래서 그것들은 바로 11, 12, 13, …, 18로 읽을 수 있다. 그 다음 칸도 어렵지 않게 알 수 있다. (사실 이것은 19에 대한 약간 지워진 특별한 표시이다—— 그러나 19는 보통 한 개의 수평쐐기와 아홉 개의 수직쐐기로 씌어진다.) 그 다음의 네 칸은 각각 둘, 셋, 넷, 다섯 개의 수평쐐기로 되어 있고 각각 20, 30, 40, 50을 나타낸다.

지금까지 알아낸 것을 정리하면, 바빌로니아 수는 수직쐐기는 1, 수평쐐기는 10을 의미하는 두 개의 기본 기호로 구성된다는 것이다. 처음 열은 단순히 1부터 20까지의 정수와 30, 40, 50을 나열하고 있다.

이제 이 지식을 2열에 적용하자. 어렵지 않게 처음 여섯 칸은 각각 9, 18, 27, 36, 45, 54임을 알 수 있다. 따라서 이 점토판이 9에 대한 곱셈표라는 것을 강력하게 가정할 수 있다. 그렇다면 일곱 번째와 여덟 번째 칸은 63과 72가 되어야 하는데, 여기에는 각각 한 개의 수직쐐기가 있고 3, 12가 뒤에 씌어 있을 뿐이다. 분명히 이 수직쐐기를 1로 읽어서는 안 될 것이다. 의미가 통하도록 하는 유일한 방법은 이것이 60을 의미하는 것으로 해석하는 것이다. 이 칸의 수를 1, 3과 1, 12로 나타내고 앞의 1은 60을 의미하는 것으로 해석하면

$$1,3 = 1 \cdot 60 + 3 = 63;\ 1, 12 = 1 \cdot 60 + 12 = 72$$

를 얻는다. 그 다음 칸들은

$$1,21 = 81$$
$$1,30 = 90$$
$$1,39 = 99$$
$$1,48 = 108$$
$$1,57 = 117$$

와 같이 해석할 수 있고, 이 점토판이 9에 대한 곱셈표라는 가정과 맞아떨어진다. 열네 번째 칸은 두 개의 수직쐐기와 6이 있는데 이것을 지금까지와 마찬가지로 나타내면 2,6이 된다. 그런데 이것은 14·9 = 126이 되어야 하고, 따라서 처음의 2는 120 = 2·60으로 해석해야 한다. 이제 뒤따르는 칸을 다음과 같이 쓸 수 있다.

$$2,15 = 2 \cdot 60 + 15 = 135$$
$$2,24 = 144$$
$$2,33 = 153$$
$$2,42 = 162$$
$$2,51 = 171$$

그 다음 칸에는 단지 3만 있는데 이것은 180을 나타내야만 한다. 만약 이 3 뒤에 영에 대한 기호가 있다면, 즉 3,0으로 바꿀 수 있다면 지금까지 우리가 찾았던 규칙과 완벽하게 일치한다. 왜냐하면 3,0은 2,15가 2·60+15=135였듯이 3·60+0이 되기 때문이다. 따라서, 우리는 바빌로니아인들은 수의 끝에 있는 영에 대한 기호는 사용하지 않았고, 대신에 수의 끝에 여분의 공간을 남겨 독자가 추측하게끔 했음을 짐작할 수 있을 뿐이다. 이 가정을 두 칸 아래 40 옆에 있는 6을 6,0 즉 6·60+0으로 읽어 40·9가 되는 것에서 확인할 수 있다. 이제, 30과 50 옆에 있는 나머지 두 칸은 다음과 같이 자명하게 읽을 수 있다.

$$4,30 = 4 \cdot 60 + 30 = 270 = 9 \cdot 30$$
$$7,30 = 7 \cdot 60 + 30 = 450 = 9 \cdot 50$$

그러므로 수 표기, 또는 자릿수[1]가 처음에 있던 자리에서 왼쪽으로 옮기면 값이 60배가 되는 방식으로 자리에 따라 값이 달라진다고 가정한다면 이 자료는 완벽하게 의미가 통함을 알았다.

만약 다른 곳에서도 9에 대한 곱셈표에서 했던 것과 같은 방법으로 해석한다면 이 가정은 충분히 정당화될 수 있다. 그러면 우리는 수평쐐기와 수직쐐기의 조합으로 씌어진 59개의 숫자를 1,2,3,…,59로 해석할 수 있다. 이러한 숫자 표현으로 모든 수가 씌어졌는데, 이것은 숫자가 나타나는 위치에 따라 자릿

---

[1] 혼란을 피하기 위해서 여기에서는 2,24를 첫째 자리가 2이고 둘째 자리가 24인 두 자리 수라고 한다는 점을 강조한다.

값을 정함으로써 각 위치에 있는 숫자는 왼쪽으로 자리를 옮기면 값이 60배가 된다. 바빌로니아 수를 번역할 때, 일반적으로 위와 같이 각 자릿수를 콤마로 분리한다. 이를테면 1, 25, 30은 다음을 의미한다.

$$1 \cdot 60^2 + 25 \cdot 60 + 30 = 3600 + 1500 + 30 = 5130$$

그런데, 20·9, 40·9와 관련하여 앞에서 언급하였듯이 그 수는 1, 25, 30, 0 또는 1, 25, 30, 0, 0으로도 해석해야 하고, 이 값은 5130보다 60 또는 60^2배만큼 더 큰 값이다. 즉

$$1,25,30,0 \;\; = 1 \cdot 60^3 + 25 \cdot 60^2 + 30 \cdot 60 + 0 = 60 \cdot 5130$$
$$1,25,30,0,0 = 1 \cdot 60^4 + 25 \cdot 60^3 + 30 \cdot 60^2 + 0 \cdot 60 + 0 = 60^2 \cdot 5130$$

사실, 전후 상황이 없다면 1, 25, 30은 $5130 \cdot 60^n \, (n = 0, 1, 2, 3, \cdots)$ 중의 임의의 한 수를 나타낼 수 있는데, 이것이 어떤 수를 나타내는지는 전후 상황을 살펴서 결정할 수밖에 없다. 그러나 이것이 누구나 이 수 체계에 대하여 처음에 생각하는 만큼의 커다란 결함은 아니며, 보통은 원래의 값에 대하여 전혀 의심하지 않았다.

사실, 바빌로니아인들은 극히 나중에 나온 자료에서 가끔 영[2]을 나타내는 기호를 사용했다. 그러나, 예를 들어, 1, 0, 30 = 3630을 1, 30 = 90과 구별하는 것과 같이 숫자 사이의 빈 곳을 나타내기 위해서만 사용했다. 보다 오래 된 자료에서는 단순히 1과 30 사이에 공간을 주기도 하고, 보다 간단히 아무런 표시

---

[2] 이것은 다소 ∠ 처럼 보이며, 다른 용도로는 분리 기호나 마침표로 사용한다.

도 하지 않았다.

　마지막으로, 9에 대한 우리의 곱셈표의 마지막 줄은

$$8,20 \text{ 곱하기 } 1 \text{ 은 } 8,20 \text{이다}$$

을 나타내는데, 이것은 소위 **표제**(catch line)라고 하는 것이다. 우리의 자료는 일련의 자료 중의 하나이고, 표제는 바로 다음 자료의 첫째 줄이다.

3. 바빌로니아 수 체계·역수표

어쨌든 위에서 9의 곱셈표로부터 배운 것은 바빌로니아 수 체계에 대한 이야기의 일부분에 지나지 않는다. 나머지는 그림 1.2와 같이 번역된 자료에서 얻을 수 있는데, 이것은 첫째 줄만 다를 뿐 모두 그림 1.2에 있는 수들을 포함하고 있는 (고대 바빌로니아나 셀레우쿠스[3] 시대 모두에서 발견되는) 예와 같은 유형이다. 그림 1.3에 재현된 점토판은 이런 유의 두 복사본을 포함하고 있다.

　첫번째 자료와 같이, 그림 1.2에 있는 것도 숫자들이 두 열로 배열되어 있다. 이 표의 구조는 1열에 있는 수와 2열에 있는 그것의 짝을 한 줄씩 곱하여 앞에서 익힌 방법으로 나타내

3　셀레우쿠스 시대는 기원전 312년 메소포타미아에서 시작되었다. 이것은 전에 알렉산더 대왕의 한 장군으로 후에 메소포타미아를 포함한 알렉산더 제국의 동쪽 대부분을 차지하는 왕국의 왕이 된 셀레우쿠스 니케이토의 이름을 따서 명명되었다.

Col. I	Col. II
2	30
3	20
4	15
5	12
6	10
8	7, 30
9	6, 40
10	6
12	5
15	4

Col. I	Col. II
16	3, 45
18	3, 20
20	3
24	2, 30
25	2, 24
27	2, 13, 20
30	2
32	1, 52, 30
36	1, 40
40	1, 30

Col. I	Col. II
45	1, 20
48	1, 15
50	1, 12
54	1, 6, 40
1	1
1, 4	56, 15
1, 12	50
1, 15	48
1, 20	45
1, 21	44, 26, 40

그림 1.2

어 보면 분명해진다. 즉

$$2 \cdot 30 = 60 = 1{,}0$$
$$3 \cdot 20 = 60 = 1{,}0$$
$$4 \cdot 15 = 60 = 1{,}0$$
$$5 \cdot 12 = 60 = 1{,}0$$
$$6 \cdot 10 = 60 = 1{,}0$$
$$8 \cdot 7{,}30 = 60^2 = 1{,}0{,}0$$
$$\vdots$$

서른 줄 모두의 결과는 항상 60의 거듭제곱이고 1열에 있는 수들은 모두 60보다 작은 60의 거듭제곱의 약수들이다. 다시 말하자면, 다음과 같은 방식으로 완벽하게 특징지을 수 있

다. 60을 소인수 분해하면

$$60 = 2^2 \cdot 3 \cdot 5$$

이므로, 60의 거듭제곱은

$$60^n = 2^{2n} \cdot 3^n \cdot 5^n$$

이다. 만약 어떤 정수가 2, 3, 5 이외의 소인수를 갖고 있다면 그 수는 60의 거듭제곱을 나눌 수 없다.[4] 반면에 어떤 정수가 2, 3, 5 이외의 소인수가 없다면 그것이 나눌 수 있는 60의 거듭제곱을 찾을 수 있다. 다음 예는 이 점을 분명히 설명해 주고 있다.

$$24 = 2^3 \cdot 3$$

을 택하고, 이것을 $2^{2n} \cdot 3^n \cdot 5^n$의 형태로 만들기 위하여 $2 \cdot 3 \cdot 5^2 = 150$을 곱하자. 그러면

$$24 \cdot 150 = 2^4 \cdot 3^2 \cdot 5^2 = 60^2$$

을 얻고, 이것을 바빌로니아 표기법으로 나타내면

$$24 \cdot 2,30 = 1,0,0$$

이므로 그림 1.2의 내용과 일치한다.

이상에서 7, 11, 13, 17, 19, 23 등의 수가 1열에 없는 이유가 설명되었다.

---

[4] 우리는 여기서 모든 양의 정수는 유일한 방법으로 소인수 분해된다는 정리를 이용하고 있다고 말할 수 있다. 이에 대한 증명은 다음을 참조하라. I. Niven, *Numbers: Rational and Irrational*, NML vol. 1, Appendix B, p.117.

그림 1.3 니푸르(Nippur, 바빌론의 동남쪽)에서 나온 점토판의 사진. 수직으로 난 두꺼운 홈이 그것을 두 부분으로 나눈다. 추측하건대 왼쪽은 선생님 또는 선배가 45에 대한 곱셈표를 쓴 것이고(일곱 번째와 여덟 번째 줄은 깨졌다), 오른쪽은 초보자가 그것을 복사한 것 같다. 어린 학생의 솜씨가 얼만큼 형편없었는지 알기 위하여 쐐기문자의 전문가가 될 필요는 없다. 그는 자신의 작업을 끝내지조차 않았다.

왼쪽의 표는 다음에 번역되어 있다(대괄호는 단순히 내가 원문에 가깝게 복원했음을 나타낸다). *a-ra'*(곱하기)를 의미하는 일련의 쐐기문자는 다른 줄에서는 1로 오해할 수 있는 수직쐐기로 끝나고 있고, 둘째 줄의 2,30 은 1,30 의 잘못된 표기이다.

45 *a-rá* 1 45	[*a-rá* 6] 4,30	[*a-*]*rá* 12 9
[*a-rá* 2] 2,30	[*a-rá* 7] 5,15	[*a-*]*rá* 13 9,45
[*a-rá*] 3 2,15	[*a-rá*] 8 6	[*a-*]*rá* 14 10,30
[*a-rá* 4] 3	[*a-rá*] 9 6,45	[*a-*]*rá* 15 11,15
[*a-rá* 5] 3,45	[*a-rá*] 10 7,30	[*a-*]*rá* 16 1[2]
	[*a-r*]*á* 11 8,15	

우리의 표를 분석하는 데 앞에서와 같은 방식으로 수를 판독한다면, 두 열은 곱하여 60의 거듭제곱이 되는 성분을 가지고 있음을 알 수 있다. 그러나 우리는 또한 60의 모든 거듭제곱이 바빌로니아인들에 의하여 1로 쓰였다는 사실도 알았다. 사실, 우리의 표를 정확하게 이해시켜 주는 단서를 주는 것이

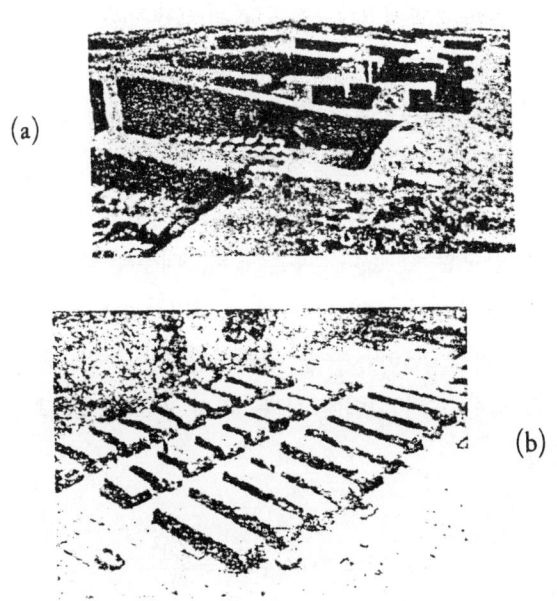

(a)

(b)

그림 1.4 고대 메소포타미아 학교 교실(마리(Mari)에 있는 건물). (a)는 서로 붙어 있는 두 교실이고, (b)는 발굴단이 앉아 있는 (c)의 교실 보다 잘 보존된 것.

바로 이 바빌로니아 수 체계의 외관상의 약점이다. 왜냐하면 1 열에 있는 수와 2열에 있는 것의 짝의 곱은 60의 거듭제곱이라 기보다는 항상 1, 바꾸어 말하면 2열은 1열에 있는 수의 역수를 나타내는 것이라는 보다 단순한 해석을 제시하기 때문이다. 물론, 이런 해석에 따르면 2열에 있는 성분을 더 이상 정수로 판독할 수는 없지만 그 정수들은 60의 적당한 거듭제곱을 나누는 것으로 간주할 수 있다. 예를 들어, 여섯째 줄에 있는 7,30은 정수 $7 \cdot 60 + 30 = 450$으로 8을 곱하면 1,0,0 또는 60^2이 됨을 알았다. 이제 7,30이 $\frac{1}{8}$을 나타낸다면 이것의 새 값은 60^2배만큼 더 작은 수가 되어야 한다. 다시 말하면, 그림 1.2의 여섯째 줄을

$$7,30 = 7 \cdot 60 + 30 = \frac{60^2}{8}$$

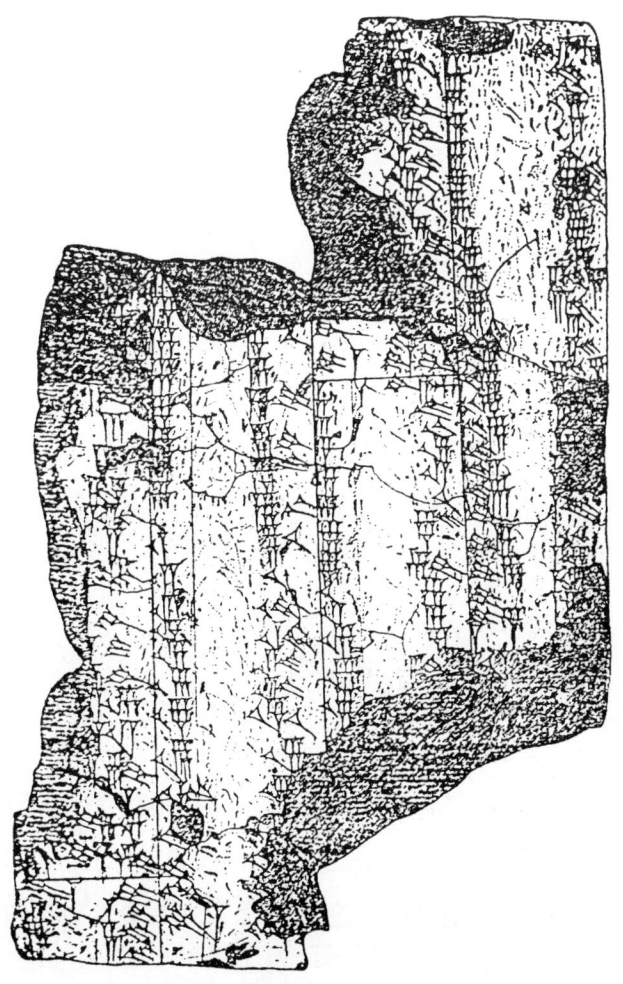

그림 1.5 그림 1.3의 점토판의 뒷면. 이것은 분명히 학생이 적어 놓은 것인데, 앞면을 썼던 학생의 것보다 한 줄 더 적혀 있다. 이 면에는 몇 개의 곱셈표와 표준 역수표가 적혀 있다.

처럼 해석하지 않고,

$$\frac{7,30}{60^2} = \frac{1}{8}$$

또는 실제로 $\frac{1}{8}$이 되는

$$\frac{7 \cdot 60 + 30}{60^2} = \frac{7}{60} + \frac{30}{60^2}$$

로 해석한다. 이제, 7,30에 있는 7은 $\frac{7}{60}$을 나타내고, 30은 $\frac{30}{60^2}$을 나타낸다.

마찬가지로, 마지막 줄의 44,26,40 앞에 있는 1,21(=81)은

$$\frac{44}{60^2} + \frac{26}{60^3} + \frac{40}{60^4}$$

으로 해석하며, 이것은 $\frac{1}{81}$과 같다.

왼쪽으로 한 자리 옮겨가면 그 값이 60배가 되고, 오른쪽으로 한 자리 옮겨가면 그 값이 $\frac{1}{60}$배가 됨을 알 수 있다. 이 원리는 단위자리의 범위를 넘어서까지 적용된다. 이것은 매우 중요한 새로운 사실이다. 왜냐하면, 이것은 바빌로니아 수 체계에서 분수를 매우 간단하게 쓸 수 있음을 보여주고 있기 때문이다.

그러나 이것은 또한 우리가 이미 다음과 같이 해석했던 1,25,30 같은 수가 이제는 k가 양수, 음수, 영 중의 어떤 수일 때, 5130의 60^k배를 의미할 수 있음을 보여주고 있다.

$$1 \cdot 60^2 + 25 \cdot 60 + 30 = 5130$$

단위자리가 어디인지 확실히 알고 있을 때에는 —— 대개 문맥의 흐름에서 알 수 있다 —— 그 수를 현대 표기법으로 나타낼 때, 세미콜론으로 분수부분을 분리한다. 예를 들면,

$$1,25;30 = 1 \cdot 60 + 25 + \frac{30}{60} = 85\frac{1}{2},$$

$$1;25,30 = 1 + \frac{25}{60} + \frac{30}{60^2} = 1\frac{17}{40}$$

등이다. 그러나 원본에는 세미콜론이나 끝자리의 영은 없었고, 다만 현대 표기법으로 나타낼 때, 명확하게 하려고 이것들을 첨가했다는 점을 다시 한 번 강조해 둔다.

● 문 제

1.1 위와 같은 해석으로 44,26,40이 81의 역수임을 밝혀라. 또, 어느 곳에 세미콜론을 찍어야 하느냐?

1.2 곱셈표와 그림 1.5의 역수표를 확인하라. (역수표는 1의 $\frac{2}{3}$가 0;40이라는 설명으로 시작된다). 또, 학생의 오류를 찾아라.

---

4. 위치 수 체계

오늘날의 수 체계와 바빌로니아의 수 체계 사이에는 몇 가지

유사한 점이 있다. 우리는 그들처럼 유한 개의 기호, 즉 숫자 (우리는 열 개를 사용한다)로 모든 정수를 나타내며, 또한 숫자의 위치에 의미를 부여하여 그것들이 역할을 수행하게 한다. 즉, 각 자리가 왼쪽으로 옮겨 가면 그 값이 상수 배(우리는 10, 바빌로니아인들은 60)만큼 커지게 한다. 그들과 마찬가지로 우리는 이 원리를 분수를 표현하는 데까지 이용한다. 즉 단위자리 아래에서도 숫자의 자리가 오른쪽으로 옮겨지면 그 값은 상수인수 10 또는 60으로 나누어진다. 또한 이런 중대한 역할을 하는 10과 60을 각각 **십진법**(decimal)과 **60진법**(sexagesimal)이라 하는 두 수 체계의 밑(bases)이라 부르며, 현재의 분수를 **십진 분수**(decimal fractions)라 하는 것처럼 바빌로니아 분수를 **60진 분수**(sexagesimal fractions)라 한다.

두 수 체계의 차이, 즉 익숙하지 않은 바빌로니아의 밑 60과 60진법에서는 소수점과 동일한 표현이 없는 점이 아마도 언뜻 보기에는 유사점보다 더 눈에 띄지만, 실제적으로는 이것이 그렇게 중요한 것은 아니다. 이 점을 분명하게 하기 위하여 보다 평이한 말로 수 표기의 문제를 생각하는 것이 좋을 듯하다.

물론 10과 60에 대한 뚜렷한 차이는 없다. 선조들이 10을 선택한 것은 단순히 생물학적 이유 때문이고, 바빌로니아인들이 10에 대한 특별한 기호가 있었던 사실로부터도 알 수 있듯이, 그들이 손가락을 세는 것을 유치하게 여겨서 하지 않았던 것은 아니지만 60을 밑수로 선택한 동기는 수학 외적인 요인에 기인한다. 이에 대해서는 이 절의 후반부에서 언급하기로 한다. 사실 1보다 큰 임의의 정수 b가 **위치**(positional) 또는 **자릿값**

(place-value) 수 체계의 밑으로 사용될 수 있다는 것을 보이기는 어렵지 않다. 이러한 수 체계에서는 값이 $0, 1, 2, \cdots, b-1$인 b개의 부호 또는 숫자가 필요하다. 숫자의 자리를 왼쪽으로 옮긴다는 것은 그 값에 b를 곱한다는 의미이고, 단위자리를 넘어서까지라도 오른쪽으로 옮긴다는 것은 그 값을 b로 나눈다는 것을 뜻한다.

우리는 이것을 전자계산기에서 중요하게 사용하는 밑수 b가 2인 **이진법**(binary system)을 예로 들어 설명하겠다. 이 수 체계에서는 두 개의 숫자 0과 1이 필요하다. 이 수 체계의 처음 열 개의 수를 써보면 다음과 같다.

$$1, 10, 11, 100, 101, 110, 111, 1000, 1001, 1010$$

이진수 1001011을 십진수로 바꾸려면, 다음과 같이 계산한다.

$$1001011 = 1 \cdot 2^6 + 0 \cdot 2^5 + 0 \cdot 2^4 + 1 \cdot 2^3 + 0 \cdot 2^2 + 1 \cdot 2 + 1 = 75$$

역으로, 십진수 308을 이진수로 바꾸려면 먼저 308이 다음과 같은 2의 연속된 거듭제곱 사이에 있다는 것에 주목해야 한다.

$$2^8 = 256 \text{와 } 2^9 = 512$$

그래서

$$308 = 2^8 + 52$$

이고, 52는

$$2^5 = 32 \text{와 } 2^6 = 64$$

사이에 있고, 따라서

$$52 = 2^5 + 20$$

같은 방법으로

$$20 = 2^4 + 4 = 2^4 + 2^2$$

그러므로

$$308 = 2^8 + 2^5 + 2^4 + 2^2$$
$$= 1 \cdot 2^8 + 0 \cdot 2^7 + 0 \cdot 2^6 + 1 \cdot 2^5 + 1 \cdot 2^4 + 0 \cdot 2^3 + 1 \cdot 2^2 + 0 \cdot 2 + 0$$

이것을 이진수로 나타내면 100110100이 된다.

위치 수 체계는 산술 계산을 잘 할 수 있는 중요한 장점이 있다. 임의의 한 자리 수의 곱과 합을 알려 주는 표만 알면 모든 계산은 초등학교에서 배웠던 익숙한 계산 방법에 따라 수행할 수 있다.

다시 이진법의 예로 돌아오면, 이진법의 곱셈표와 덧셈표는 매우 간단히 만들 수 있다. 즉,

·	0	1
0	0	0
1	0	1

+	0	1
0	0	1
1	1	10

따라서, 이진법의 곱셈은 다음과 같이 한다.

```
        1 1 0 1
          1 1 0
       ─────────
        0 0 0 0
        1 1 0 1
      1 1 0 1
      ─────────
    1 0 0 1 1 1 0
```

● 문 제

1.3 이 곱셈을 십진법으로 바꾸어 계산하여 확인하라.

　　요즈음 이진법이 컴퓨터 세계에서 각광을 받는 것은 두 가지 특징 때문이다. 첫째는 단 두 개의 숫자만을 사용하는 것인데, 이것은 전구가 켜지거나 꺼지는 것과 같은 두 가지 사건에 잘 부합된다. 둘째는 그것의 덧셈표와 곱셈표를 기계에게 가르치기 쉽다는 것이다. 이런 단순함의 대가로 우리가 부담해야 하는 것은 길이인데, 가령 $1024 = 2^{10}$같은 그리 크지 않은 수라 하더라도 이것을 나타내는 데에는 11개의 숫자가 필요하다.

　　이제 60진법과 십진법 사이의 두드러진 차이 문제로 돌아갈 수 있는데, 밑 60이 익숙하지는 않더라도 10과 마찬가지로 사용될 수 있음은 명백하다. 사실, 각각의 밑은 장·단점이 있는데, 보다 큰 밑 60의 분명한 단점은 그 곱셈표가 실제적으로 기억하기 어려운 크기(59×59)라는 것이고, 반면에 상당히 큰 수도 적은 개수의 60진법 숫자로 나타낼 수 있는 장점이 있다.

바빌로니아 밑의 더 좋은 장점은 십진법의 유한소수로 쓸 수 있는 것보다 60진법의 유한소수로 쓸 수 있는 분수가 더 많다는 점이다. 사실상 우리는 이미 이 절의 역수표에서 그런 분수를 설명하였다. 그러나 다음과 같은 보다 일반적인 문제를 제기하는 것이 자연스러울 것 같다.

언제 기약분수 $\frac{p}{q}$가 밑이 b인 수 체계에서 유한소수로 나타낼 수 있는가?

먼저 십진법의 유한소수는 분모가 10의 거듭제곱인 분수, 60진법의 유한소수는 분모가 60의 거듭제곱인 분수로 생각할 수 있다는 점을 주목하자. 마찬가지로, 밑이 b인 다른 수 체계의 유한소수도 분모가 b의 거듭제곱인 분수이다. 그러면 우리의 문제는 언제 기약분수 $\frac{p}{q}$가 b^n을 분모로 하는 분수로 바뀔 수 있는가? 로 된다. 기약분수의 분모는 같은 정수를 분모와 분자에 곱할 때만 바꿀 수 있으므로 문제에 대한 답은 다음과 같다. $\frac{p}{q}$는 분모 q가 b^n, 즉 b의 소인수만을 갖는다면 $\frac{p'}{b^n}$으로 바뀔 수 있다.

2는 그 자신이 소수이므로 이진법의 유한소수로 쓸 수 있는 기약분수는 분모가 2의 거듭제곱인 것이며, 십진법의 유한소수로 바뀔 수 있는 분수는 $10 = 2 \cdot 5$이므로 분모가 2, 5 이외의 소인수는 없는 것이다. 그러나 $60 = 2^2 \cdot 3 \cdot 5$이므로 60진법의 유한소수로 나타낼 수 있는 소인수는 2, 3, 5이다. 따라서 분모로 2, 3, 4, …, 20을 생각할 때, 유한소수로 나타나는 것이 이진법으로는 네 개, 십진법으로는 일곱 개인 반면에 60진법으로는

13개나 된다.

● 문 제

1.4　$2, 3, 4, \cdots, 20$ 중에서 어느 것이 각각 이진법, 십진법, 60진법에서 유한소수인 역수가 있는가?

　또 다른 주요한 차이점, 즉 십진법의 소수점에 해당하는 것이 없다는 것은 분명히 60진법의 결점이다. 그럼에도 불구하고 이것이 처음 생각하는 만큼 심각하지는 않다. 우리가 소수의 곱셈과 나눗셈을 할 때, 맨 먼저 하는 것이 소수점을 무시하는 것이며, 궁극적으로 소수점은 답의 숫자에는 영향을 미치지 않고 그 크기만을 결정한다는 사실만 기억하면 된다. 실제로 계산자를 사용하거나 로그표에 따라 수를 찾을 때, 바빌로니아의 수를 해독할 때와 크게 다르지 않다. 왜냐하면, 먼저 답의 숫자를 구하고 나서 소수점의 위치를 결정하기 때문이다. 아무튼 이런 결함은 분수 계산이 보통 정수의 계산과 마찬가지로 복잡하지 않다는 엄청난 장점에 비하면 아무것도 아니다.

　60진법의 기원을 확실히 알 수는 없으며, 다음과 같은 그럴듯한 설명이 있을 뿐이다. 우리는 고대 도량형의 단위 체계가 여러 개 있었음을 알고 있는데, 그 중에는 큰 단위가 작은 단위의 60배가 되는 것도 있었다고 알고 있다. 큰 단위 60은 작게 쪼개어 넓게 늘어 놓을 수 있어서 시간을 재기에 적당하다. 이것은, 말하자면, 습관적으로 큰 1 하나를 작은 열두 개로 나누어서 72개의 작은 단위를 재는 데 쓰인다. 이것은 큰 단위 하나와 작은 단위 열두 개로 표현된다. 그런데 다수의 큰 단위가 큰 종류 하나로 쓰인 아이디어는 또한 큰 단위에 대한 작은 단위의 비율이 60개의 다른 것을 나타내는 데 쓰였다(예를 들면 초기의 원본에서 100은 때때로 큰 10과 같이 쓰였다). 이런 각각의 서로 다른 구조는 위치 체계를 싹틔운다. 곧, 그 큰 종류들은 보통 크기로 쓰이는 경향이 있기 때문에 큰 종류가 필요한 모든 곳에서 위치 원리에 대한 뚜렷한 확장의 뛰어난 아이디어가 있어야 한다. 밑을 60으로 사용하게 된 것은 은의 무게의 주 단위 ──mana── 가 60 세켈(shekels)로 나누어진다는 중요한 사실에서 기인되었다. 이것은 아마도 단위의 자연스러운 분할로 $\frac{1}{60}$을 생각하게 되었을 것이다. 일반적으로 ──60진분수로부터 온── 일반적으로 밑 60을 택한 것이다.

    덧붙여, 60진법 체계의 완벽한 사용은 수학과 천문학적인 내용에서만 발견되고, 천문학 중에서도 1,55 대신에 1-me 15 (백십오를 의미한다)로 쓴 연도를 발견할 수 있다. 바빌로니아인들의 실제 생활은 현재 영어권에서 사용하고 있는 것과 같은 무게와 측도 단위의 합리성을 완전히 무시한 것처럼 보인다.

5. 바빌로니아의 산술

앞 절에서 60과 같이 큰 밑수의 단점으로 두 한 자리 수의 곱을 알려 주는 곱셈표의 크기가 매우 커서 불편하다는 것을 들었다. 누구나 59×59 크기의 표를 외우려 애쓰는 가여운 바빌로니아 학생들을 상상하면 오싹해지겠지만, 당시에는 곱셈표를 포함하여 다양한 표가 많이 있어서 그렇게 외우지 않아도 된다는 사실을 알면 안도할 것이다. 이것은 우리가 59×59 크기의 곱셈표를 가지고 있다는 말은 아니다. 우리가 발견해 낸 것은 1.2절에서 살펴본 9의 배수표와 같은 형태의 p의 배수를 차례대로 정리한 다음과 같은 표인데, 때로는 p^2까지 나타내기도 했다.

1	p
2	$2p$
3	$3p$
⋮	⋮
19	$19p$
20	$20p$
30	$30p$
40	$40p$
50	$50p$

우리는 p를 곱셈표의 **주수**(principal number)라 부른다. 이

런 곱셈표로부터 p의 어떤 곱을 쉽게 찾을 수 있다. 예를 들어, $47p$는 점토판에 있는 $40p$와 $7p$를 단순히 합하기만 하면 된다.

이제 $p = 1, 2, 3, \cdots, 59$에 대한 그런 곱셈표가 59개 있었을 것으로 생각할 수도 있다. 그러나 실제로 찾는 것은 약간의 주수에 대한 것뿐으로 언뜻 보기에는 전혀 영문을 모를 선택이다. 예를 들면, 상당히 큰 수인 $p = 44, 26, 40$에 대한 곱셈표는 있으나 $p = 17$에 대한 것은 없다. 그 의심을 풀어 주는 것은 이 흥미 있는 주수 $44, 26, 40$이 존재하는 점인데, 왜냐하면 $44, 26, 40$은 1.3절에서 살펴본 표준역수표에 있는 마지막 수이기 때문이다. 주수들은 본래는 우리가 표준역수표에서 발견한 수인 것처럼 보인다. 하나의 예외인 7이 역수표에는 없지만 주수로 자연스럽게 나타나므로 어떠한 두 수의 곱도 쉽게 알 수 있다. 주수와 역수표에 있는 수가 사실상 일치한다는 사실에서 바빌로니아인들이 실제로 계산했던 방법을 알아내는 단서를 찾을 수 있다. a를 b로 나누는 것은 a에 b의 역수를 곱하는 것, 즉

$$\frac{a}{b} = a \cdot \frac{1}{b}$$

이기 때문에, 역수표를 곱셈표와 함께 사용하면 나눗셈도 할 수 있음은 자명한 사실이다.

우리의 십진법 체계에서는 가령 5를 곱할 때는 10을 곱하고 2로 나눈다든지, 각 자리수의 합이 3(또는 9)으로 나누어지면 그 수는 3(또는 9)로 나누어진다는 등의 계산을 쉽게 하는

다양한 규칙과 요령이 있다. 꾸준히 연구한다면 60진법 체계에서도 이런 간단한 방법들을 많이 알아낼 수 있을 것이며, 60은 약수가 많으므로 오히려 십진법보다 더 많은 규칙이 존재할 것이다.

● 문제
1.5 60진법 체계에서 6에 대한 곱셈과 나눗셈에 대한 규칙을 찾아보아라.

60진법의 계산은 그 이상의 매우 다양한 종류의 표의 도움을 받았다. 우리는 7과 11처럼 그 역수가 60진법의 유한소수가 아닌 수들을 포함하는 확장된 역수표를 발견할 수 있다. 또한 (가령 연리 20%인 엄청난 비율의) 복리표, 제곱과 제곱근표, 세제곱근표, 간단한 산술로는 계산하기 어려운 이자표 같은 매우 복잡한 표도 존재했다.

그러므로 바빌로니아인들이 산술 계산에서 오늘날 우리가 겪는 것보다 더 큰 어려움을 겪지는 않았다는 것은 분명하다. 이 점에서는 그들이 고대 세계에서 유일했으며, 따라서 그리스 천문학이 엄청난 계산을 해야 하는 단계에 이르렀을 때, 그리스 천문학자 ―나중에 프톨레마이오스와 함께 논의할 것이다― 들이 분수를 표현하는 적절한 방법을 찾아서 60진법으로 눈을 돌렸던 사실은 놀랄 일이 아니다. 이것이 바빌로니아 분수가, 예를 들어 각과 시간을 나누는데 오랜 동안 그리고 지금까지도 특별하게 사용되는 이유이다. 변덕스럽게도 그리스인들은 그 측도의 모든 것을 그 체계 그대로 썼고, 오늘날도 120°12′20″를 나타낼 때 그대로 쓴다. 우리가 오후 2시 30분 10초[5]라고 말할 때, 실제로는 정오에서 $2;30,10^6$ 시간이 지났다고 다소 간단하게 표현되는 사천 년 전의 바빌로니아인들의 언어로 말하고 있다는 사실을 아는 사람은 거의 없다.

6. 세 가지 바빌로니아 수학 주제

바빌로니아 수학을 완전히 살펴보는 것은 분명히 이 책이 의도하는 바를 넘어서는 것이지만, 다음 세 가지 주제를 통하여 독자가 바빌로니아 수학의 본질에 대한 어떤 느낌을 얻을 수도 있을 것이다. 처음 두 주제는 기원전 1700년경의 고대 바빌로니아 시대의 것이고, 마지막 것은 기원전 마지막 3세기 동안의 셀레우쿠스 시대 것이다. 이미 언급한 바와 같이, 연대를 내용으로부터 추측할 수는 없으며, 이 경우에는 문체 스타일에서 연대를 추측한 것이다.

수학적 쐐기문자 원본들은, 비록 두 유형 사이의 경계선이 뚜렷하지는 않다고 하더라도 대개 표와 문제의 부류로 나누어

---

[5] 단어 minute(분)과 second(초)는 라틴어 표현인 *pars minuta prima*(첫째 등급의 소량)과 *pars minuta secunda*(둘째 등급의 소량)에서 유래되었다.
[6] 오해를 피하기 위하여, 우리가 사용하는 각은 셀레우쿠스 시대 천문학에서 사용하였으나 시간은 이집트에서 발생하였다는 사실을 언급하는 것이 좋을 듯하다.

진다. 9에 대한 곱셈표와 역수표는 표에 관한 원본의 완벽한 예이며, 문제에 관한 원본은 종종 문제를 난이도가 높아지는 순서로 배열한 비슷한 유의 문제를 많이 포함하고 있다. 아래 A와 C의 예는 많은 절로 구성된 그러한 두 원본에서 발췌한 것이다.

A. 이차 방정식 여기에서 소개하려고 하는 문제는 24절로 이루어진 점토판의 여섯 번째와 일곱 번째 절을 번역한 것이다. 그 점토판은 고대 바빌로니아 것이다. 세미콜론은 번역할 때 붙였으나, 그것의 위치에 관해서는 의심할 바가 없음을 알게 될 것이다.

(1) 나는 정사각형의 넓이에 한 변의 $\frac{2}{3}$를 더하여 0;35를 얻었다. 당신은 "계수"로 1을 갖고 있다. 그 계수 1의 $\frac{2}{3}$는 0;40 이다. 이것의 반은 0;20이고 이것에 0;20을 곱하여 (그 결과) 0;6,40을 얻고 여기에 0;35를 더하여 얻은 (결과) 0;41,40는 제곱근이 0;50이다. 그 자신을 곱하였던 0;20을 0;50에서 빼면 0;30이고 이것이 정사각형(의 한 변)이다.

이 예는 이차 방정식

$$x^2 + \frac{2}{3}x = 0;35$$

---

[7] BM 13901(BM은 대영박물관을 나타내는 British Museum의 약자이다)은 노이게바우어 (O. Neugebauer)의 *Mathematische Keilschrifttexte*, vol. Ⅲ, Berlin 1937에 있다.

를 설명하고 풀고 있는데, 여기서 $\frac{2}{3}$는 특별한 표시로 쓰였으며 문제를 푸는 첫번째 단계는 $\frac{2}{3}$를 60진법 0;40으로 바꾸는 것이다. 이 문제를 차근차근 풀면 다음을 이끌어 낼 수 있다.

$$x = \sqrt{\left(\frac{0;40}{2}\right)^2 + 0;35} - \frac{0;40}{2} = 0;30$$

실제로 이차 방정식의 근의 공식으로부터

$$x^2 + px = q$$

의 양수 해는 다음과 같다.

$$x = \sqrt{\left(\frac{p}{2}\right)^2 + q} - \frac{p}{2}.$$

● 문 제

1.6 이 표현이 $x^2 + px = q$를 이차방정식의 근의 공식으로부터 구한 해 중의 하나와 같음을 보여라.

(2) 나는 정사각형의 한 변의 7배와 넓이의 11배를 합하여 6;15를 얻었다. 당신은 7과 11을 가지고 11에 6;15를 곱하여 1,8;45을 얻고, 7을 이등분한 다음 (그러면 3;30을 얻는다) 3;30과 3;30을 곱한다. (그 결과인) 12;15를 1,8;45와 더하면 1,21이 되는데, 이것은 9의 제곱근이다. 9에서 자신을 곱했던 3;30을 빼면 5;30을 얻는다.

11의 역수는 나누어 떨어지지 않는다. 11에 얼마를 곱하여야 5;30을 얻을 수 있을까? 그것은 0;30인데, 이것의 인수이다. 0;30은 사각형(의 한 변)이다.

이것은 다음과 같은 이차 방정식을 푸는 방법을 설명하고 있다.

$$11x^2 + 7x = 6;15$$

양변에 11을 곱하여 미지수가 (11x)인 이차 방정식

$$(11x)^2 + 7 \cdot (11x) = 6;15 \cdot 11 = 1,8;45$$

를 얻는데, 여기서 제곱항의 계수는 1이다.
 이제, 방정식

$$u^2 + 7 \cdot u = 1,8;45$$

을 예제 A(1)과 같은 방법으로 풀면

$$u = \sqrt{\left(\frac{7}{2}\right)^2 + 1,8;45} - \frac{7}{2} = 5;30$$

이고

$$11x = u = 5;30$$

이므로

$$x = 0;30$$

을 얻는다. 마지막에 11로 나누는 것은 11의 역수를 곱하는 보

통의 방법으로는 얻을 수 없다. 왜냐하면 "11의 역수는 나누어지지 않는다." 즉 11의 역수는 60진법의 유한소수로 나타낼 수 없기 때문이다.

먼저 이 두 문제가 실용적인 문제는 결코 아니라는 사실을 알 수 있다. 면적과 길이를 더한다는 것은 실제 기하학적 상황에서는 일어날 수 없는 것이다. 여기에서 "정사각형(square)"이라는 용어는 대수에서 제곱 이상의 어떤 함축된 기하학적 의미도 없다.

더욱이 우리는 여기에 현재의 근의 공식과 같이 이차 방정식을 일반적으로 풀 수 있는 공식이나 바빌로니아 수학에서 일반적으로 성립하는 정리가 전혀 인용되지 않았다는 사실을 보았다. 그럼에도 불구하고 이 설명들은 일반적인 방법이 존재했고, 많은 문제를 통하여 연구한 결과 의심할 바 없음을 확신할 만큼 명확하다.

그러나 이 암시적인 법칙들이 어떻게 발견되었는가 하는 명확한 설명은 어느 수학 책에도 있지 않다. 그리스 시대가 되어서야 비로소 수학에서 정리에 대한 증명의 개념이 생겨났고, 그 후 계속해서 중추적 역할을 하게 되었다.

B. 정사각형의 대각선 그림 1.6b와 그림 1.6c는 각각 그림 1.6a(이 사진은 실물 크기이다)에 나타난 조그마한 고대 바빌로니아 점토판[8]의 그림과 해석이다.

---

8 YBC 7289(YBC는 Yale Babylonian Collection의 약자로 예일대학교 박물관의 바빌로니아 소장품을 뜻함)는 노이게바우어와 사크스 [5], pp. 42ff에 나타나 있다. 앞으로 대괄호 안의 숫자는 131-33쪽에 있는 참고문헌 목록의 순서를 나타내는 것으로 한다.

우리는 다음과 같은 세 수를 볼 수 있다.

$$a = 30,$$
$$b = 1,24,51,10,$$
$$c = 42,25,35.$$

먼저 30을 곱하는 것은 2로 나누는 것과 같으므로 적절한 위치에 세미콜론을 찍는다면

$$c = a \cdot b$$

그림 1.6 a

임을 알 수 있다. 만약 a가 그림에서 주어진 것처럼 정사각형의 한 변을 의미하고 c는 대각선을 의미한다면, 피타고라스 정리에 의하여 $c^2 = 2a^2$, 즉 $c = a\sqrt{2}$이므로 b를 $\sqrt{2}$의 근사값 1;24,51,10으로 해석한다면 이것은 실제로 맞다. 왜냐하면

$$(1;24,51,10)^2 = 1;59,59,59,38,1,40$$

은 2와 매우 근사하기 때문이다.

따라서, 이 점토판이 알려 주는 사실은 정사각형의 한 변이 $a = 30$이라면 그것의 대각선은 $c = 42;25,35$이고, 이것은 또한 $\sqrt{2}$의 훌륭한 근사값을 제시하고 있다는 것이다.

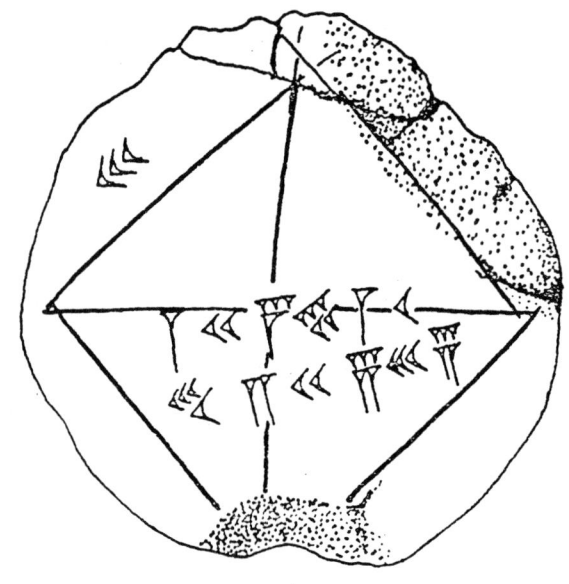

그림 1.6 b

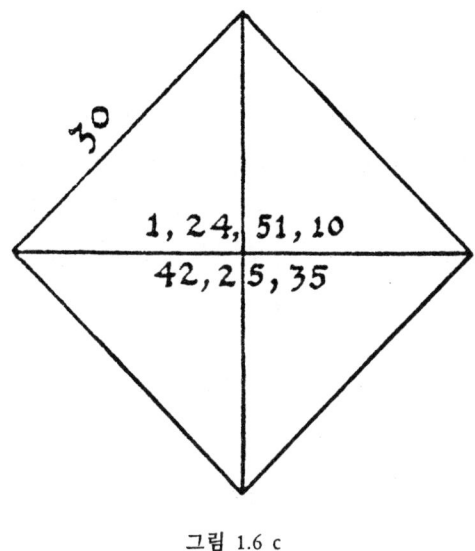

그림 1.6 c

그러므로 우리는 그림 하나와 세 개의 숫자가 있을 뿐인 이 간단한 점토판으로부터 바빌로니아인들이 정사각형의 대각선은 그 한 변에 $\sqrt{2}$를 곱한 것이라는 사실을 알고 있었다는 것을 알 수 있다. 이것은 우리가 **피타고라스 정리**라고 부르는 것을 적어도 특별한 경우는 그들이 알고 있었다는 것을 뜻한다. 이것은 피타고라스가 살았던 것으로 추측되는 시대보다 약 천이백 년 전의 일이다. 그리고 (예를 들어 다음의 C 같은) 다른 하나의 자료로부터 그들이 사실상 이 정리를 일반적인 경우로 사용했음을 알 수 있다. 더욱이, 바빌로니아인들은 $\sqrt{2}$의 좋은 근사값을 얻어내는 계산기술을 알고 있었음을 알 수 있다.

C. 사다리꼴의 넓이 다음은 셀레우쿠스 시대의 한 점토판[9]──뒷면은 훼손되었다──의 일곱 조각 중 세 번째 것이다.

한 옆변의 길이가 30이고, 다른 옆변의 길이도 30, 윗변의 길이가 50, 아랫변의 길이가 14인 사다리꼴이 있다. 30 곱하기 30은 15,0이고, 50에서 14를 빼면 36이며 그것의 반은 18이다. 18 곱하기 18은 5,24이고, 15,0에서 5,24를 빼면 9,36이다. 제곱이 9,36이 되는 것은 무엇인가? 24 곱하기 24가 9,36이다. 24는 분리선의 길이이다. 윗변과 아랫변인 50과 14를 더하면, (그 결과는) 1,4이다. 이것의 반은 32이다. 분리선의 길이 24에 32를 곱하면 (그 결과는) 12,48이다. …

$$l=30, \quad w_1=50, \quad w_2=14.$$

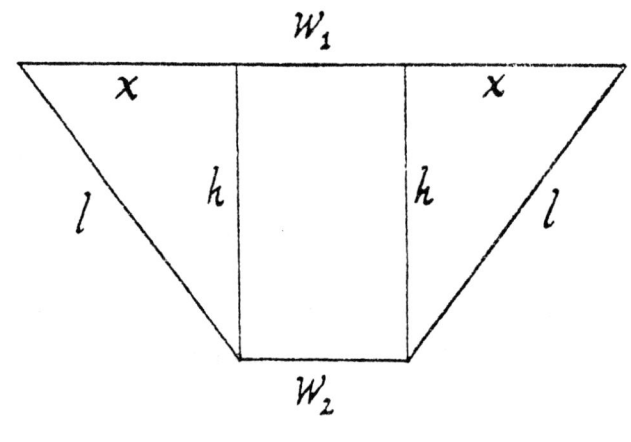

그림 1.7

---

9 VAT 7848(VAT = Vorderasiatishe Abteilung, Tontafeln, Staatliche Museen, Berlin)은 노이게바우어와 사크스[5], pp. 141ff에 있다.

이것의 나머지 부분은 측정단위가 바뀌는 것에 대하여 썩어져 있다.

이 예는 등변사다리꼴의 넓이를 구하는 방법을 다룬 것이다. (그림 1.7을 보라)

첫번째 단계는 그림에서 x로 나타낸 것을 찾는 것이다.

$$x = \frac{w_1 - w_2}{2} = \frac{50 - 14}{2} = 18$$

다음에 높이 b ——자료에서는 "분리선"—— 는 피타고라스의 정리로부터 다음과 같이 구한다.

$$b = \sqrt{l^2 - x^2} = \sqrt{15,0 - 5,24} = \sqrt{9,36} = 24$$

마지막으로 공식에 의하여 다음과 같이 넓이를 계산한다.

$$A = b \cdot \frac{w_1 + w_2}{2} = 24 \cdot 32 = 12,48.$$

7. 요 약

많은 원본에서 바빌로니아 수학은 잘 정의된 모양을 한 창조물임이 분명히 밝혀졌다. 독자들은 이미 이러한 사실을 여러 번 본 적이 있었다. 그 구조의 핵심은 바빌로니아 수학자들을 탁월한 계산가로 만든 60진법 위치 수 체계이고, 따라서 바빌로니아 수학자들이 오늘날 우리가 대수와 수론이라고 하는 것을 대단히 선호하는 경향이 있었다는 사실은 놀랄 일이 아니다. 상당한 기하학적 지식이 있었음에도 불구하고 기하학은 종종 근본적으로는 대수적 문제의 단순한 겉모양만을 제공했다. 우리는 기하학적 의미로 보면 있을 수 없는 넓이와 길이를 그냥 더하는 이러한 사실을 1.6절의 예 A에서 보았으며, 기하문제가 제기되는 것은 항상 길이, 넓이, 부피 따위의 수치적인 양을 계산할 목적에서였다. 더욱이, 그것으로부터 일반적인 과정을 추출해 낼 수 있는 예들이 약간의 과정만 더하면 정리가 될 만큼 상세하게 설명되어 있기는 하지만 일반적으로 만들어진 어떠한 정리의 예도 존재하지 않는다. 결국, 우리는 바빌로니아 수학 원본에서 어떠한 증명도 전혀 찾아 볼 수 없다.

그러므로 여러 세대를 통하여 수학적 지식을 전하는 방법은 현대 수학에서 사용하는 것과는 전적으로 달랐지만, 어떠한 이차 방정식도 풀 수 있는 정리를 소개하고 증명하는 대신에 계수가 다양한 많은 문제를 다룸으로써 이차 방정식을 배우는 구식 고등학교 대수 강의를 들어 왔던 사람들에게는 이것이 낯설지 않을지도 모르겠다. 왜냐하면 이미 보았듯이 문제를 싣고 있는 자료는 바로 핵심 주제를 다양하게 변화시킨 그런 문제들의 목록에 지나지 않기 때문이다.

바빌로니아 수학의 일반적인 특성을 이렇게 대충 살펴본 후, 그 내용을 간단하게 설명하는 쪽으로 관심을 돌리자.

대수에서는 일차와 이차 방정식의 해법이 나온다. 이차 방정식은 종종 다음과 같이 미지수가 두 개인 두 방정식의 형태로 나타난다.

$$x + y = a, \quad xy = b$$

이것은 x와 y가 이차 방정식

$$z^2 - az + b = 0$$

의 해라는 것을 바로 알 수 있다. 또한

$$x^2(x+1) = a$$

와 같은 형태의 특별한 삼차 방정식도 풀렸었다. 문제는 종종 현대 대수적 표현으로 번역할 때, 괄호 속에 다시 괄호가 들어 있는 매우 복잡한 방식으로 서술되어 있어서 누구나 이런 복잡한 표현을 우리의 대수적 기교를 쓰지 않고도 방정식의 표준형으로 변형시킬 수 있었던 바빌로니아인들의 기술에 깊은 감명을 느끼지 않을 수 없다. 여기에 하나 더 덧붙이면 항상 동일한 답이 나오는 다양한 문제를 싣고 있는 자료들의 여러 가지 예를 볼 수 있는데, 이것은 책의 맨 뒤에 해답을 싣는 현대적 습관과 유사하다.

 기하학적 지식 중 우리가 무엇보다도 먼저 인정하는 것은 소위 **피타고라스 정리**라는 것을 제한 없이 사용했다는 점이다. 그것의 발견은 피타고라스보다 천오백 년 앞섰다. 더욱이 삼각형과 사다리꼴(1.6절의 C를 보라)과 같은 간단한 도형의 정확한 넓이공식, 비록 최근 발견되어 출판중인 자료에는 π에 대한 보다 좋은 근사값이 사용되긴 하지만, ($\pi \sim 3$을 이용한) 원의 둘레와 넓이에 대한 어설픈 근사값도 있었다. 그리고 어떤 경우에는 정확하고 어떤 경우에는 부정확한 다양한 입체의 부피공식이 있었다.

마지막으로, 아마 다른 어느 것보다도 바빌로니아 수학의 최고수준의 지식을 보여 주는 자료에 대하여 언급하자. 이것은 1945[10]년에 출판되었고 소위 **피타고라스 수**라고 부르는 것을 다루고 있다. 3, 4, 5 또는 5, 12, 13과 같이 직각삼각형의 변을 나타내는 세 수를 **피타고라스 3쌍**(Pythagorean number triple)이라고 한다. 바꾸어 말하면 이것은 다음 방정식의 해가 되는 양의 정수이다.

$$x^2 + y^2 = z^2$$

그러한 3쌍이 얼마나 많이 있느냐 하는 것과 그것들을 어떻게 찾을 수 있는가 하는 질문은 자연스러운 것이다. 물론 3쌍 3, 4, 5로부터 $3n, 4n, 5n, n=2, 3, 4, \cdots$ 등으로 무수히 많은 피타고라스 3쌍을 즉각 얻을 수도 있으나, 이것들은 3, 4, 5 하나의 표현으로 나타내고 이를 원시 피타고라스 3쌍이라고 한다. 다음과 같은 정리가 있다.

p와 q가 다음과 같은 조건을 만족한다고 하자.
1) $p > q > 0$
2) p와 q는 공약수가 없다. (1은 제외)
3) p와 q는 둘 모두 홀수는 아니다.

---
10 플림프톤 322(컬럼비아 대학의 플림프톤 소장품 목록번호가 322인 점토판)은 [5], pp. 38ff에 있다.

그러면

$$x = p^2 - q^2,$$
$$y = 2pq,$$
$$z = p^2 + q^2$$

으로 표현된 x, y, z는 원시 피타고라스 3쌍을 이루고 각 3쌍은 단 한 번씩 나타난다.[11]

예제 : $p=2, q=1$은 $x=3, y=4, z=5$를 만든다.
$p=3, q=2$는 $x=5, y=12, z=13$을 만든다.

바빌로니아인들이 이 정리의 어떤 형태를 알았었다는 것은 분명하다. 왜냐하면, 문제의 자료인 플림프톤 322에서 $\frac{z^2}{y^2}, x, z$ 에 대응하는 값이 열다섯 줄로 씌어 있기 때문이다. 물론 여기 서 x, y, z는 원시 피타고라스 3쌍이다. 그 수들은 시행 착오라고 생각하기에는 너무 큰 수(예를 들어 $x=3,31,49,\ y=3,45,0,\ z=5,9,1$ 같은)를 포함하고 있다. 정확하게 그 표들이 어떻게 작성되었고 그것의 목적이 무엇인가는 지금까지도 여전히 논란의 대상이 되고 있으며, 이 이유는 적어도 부분적으로는 중요한 단서를 포함했었음이 틀림없는 점토판의 왼쪽 부분이 떨어져 나갔기 때문이다.

---

11 이 정리의 증명은 H. Rademacher와 O. Toeplitz[6]의 14절 88쪽을 보라.

● 문 제

1.7 $x = 100$이 주어졌다면

$$x^2 + y^2 = z^2$$

을 만족하는 원시 피타고라스 3쌍 x, y, z를 얼마나 찾을 수 있는가? $x = 210, x = 420, x = 35$에 대하여도 답하라.

1.8 그림 1.8의 조각난 60진법 표를 복원하라. 이 표는 고대의 원본을 번역한 것이 아니라 60진법의 방대한 계산에 가장 유용한 것이다.

　이 문제는 고대의 원본을 만들었던 학자들이 직면했던 공통적인 문제를 재연한다. 하지만 운명은 보통 그녀가 우리에게 줄 수 있는 것보다는 덜 관대하다.

　이미 언급한 바와 같이, 이것은 바빌로니아 수학의 내용을 요약한 것에 불과하다. 이 시점에서 동시대의 위대한 문명인 이집트에서의 수학적 업적은 어떠했는지 하는 물음을 던지는 것이 적절할 듯하다. 다행히도 이집트 수학의 내용과 특성을 알려 주는 잘 보존된 두 개의 수학적 자료인 **린드 파피루스**(Rhind Papyrus)와 **모스크바 파피루스**(Moscow Papyrus)가 존재한다. 그러나 그것은 거의 실망스러운 정도이다. 왜냐하면 각종 신화에서 얘기되는 것과는 반대로, 이집트 수학은 거의 초보적인 수준을 결코 벗어나지 못했기 때문이다. 이집트의 기하학적 지식만 보더라도, 바빌로니아와 비교하여 살펴보면, 매우 중요한 피타고라스 정리가 빠져 있다는 것을 알 수 있다. 자주 반복되는

그림 1.8

이야기인 이집트인들이 변의 길이가 3,4,5인 직각삼각형을 알고 있었다는 것은 약 80년 전에 발견된 것이다. 그들은 기하학 이외에는 기초적인 산술 지식도 없었다. 이에 대한 설명으로, 그들은 $\frac{2}{3}$ 하나를 제외하고는 분자가 1인 분수, 즉 $\frac{1}{n}$만을

허용했다는 사실을 들 수 있다. 따라서 그들은 바빌로니아인들이 각각 0;24와 0;54로 썼던 분수 표현을

$$\frac{2}{5} 는 \frac{1}{3} + \frac{1}{15}, \frac{9}{10} 는 \frac{2}{3} + \frac{1}{5} + \frac{1}{30}$$

과 같이 나타냈다. 바빌로니아인에게는 아주 평범했던 덧셈과 곱셈이 이집트인에게는 상당히 어려운 문제였다는 것은 놀랄 일이 아니다. 그리스인은 이런 이집트 경향을 이어 받았지만, 천문학자인 프톨레마이오스는 그의 책 〈알마게스트〉에서 복잡한 계산을 해야 했을 때, 다음과 같이 말하였다. "우리는 분수의 불편함 때문에 일반적으로 60진법을 사용할 것이다."

    바빌로니아 수학의 새로운 재발견은 곧바로 과거 우리가 알고 있던 지식에 추가될 뿐만 아니라, 그리스 수학을 재평가하지 않을 수 없게 한다. 왜냐하면, 이제 우리는 그리스 수학자들이 바빌로니아의 선구자들에게 얼마나 큰 은혜를 입었으며, 또 그리스 수학의 결실로 생각되었던 것들이 사실은 고대 동양적 지식을 직접적으로 계승한 것이라는 사실을 알았기 때문이다. 그러나 비록 제한적 의미에서이긴 하지만 수학이 그리스에서부터 시작되었다는 옛말은 여전히 진실이다. 왜냐하면 정리를 만들고 증명하는 것을 중요시하며 그 시대 이래로 계속 유지된 수학의 형태를 만들었던 사람들이 바로 그들이었기 때문이다.

 초기 그리스 수학과
유클리드의 정오각형 작도

1. 근 원

우리가 확실한 자료에 따른 그리스 수학 연구의 기초를 확립하려 할 때 직면하는 문제는 바빌로니아 수학에서 부딪쳤던 것과는 전적으로 다르다. 바빌로니아의 자료 ──점토판── 는 깨지거나 손상되기도 하였고, 용어가 모호해서 전후 내용에 의해서만 이해할 수 있었다. 그러나 의심할 여지가 없는 한 가지 사실은 자료의 신빙성이었다. 왜냐하면 그것들은 바로 바빌로니아인들이 직접 기록한 점토판이기 때문이다.

    이제 우리는 그리스 수학의 내용을 다룰 때는 상황이 어떻게 달라지는지를 설명하는 예로서 이 장에서 언급할 유클리드(Euclid)의 〈원론〉(Elements)을 택하자. 곧 알겠지만, 이것은 기원전 300년경에 씌어졌으나 이 그리스 원본의 가장 오래 된 사본은 10세기의 것이다. 즉, 이 사본은 유클리드 시대보다는 현시대에 더 가깝다.[1]

따라서 가장 오래 된 책조차도 여러 번 복사되고 복사되고 또 복사된 것이며, 우리는 그것들로부터 유클리드 자신이 직접 썼던 것을 찾아내려고 시도하여야 한다. 이것은 상당히 어려운 추리문제인데, 고전학자들은 이 문제를 푸는 세련된 기술을 발전시켜 왔다. 그 개략적인 과정은 다음과 같다.

사본 X와 Y를 비교하여 보자. 만약 Y가 X의 모든 오류와 같은 오류를 가지고 있고, 더불어 그 자신만의 것을 약간 더 가지고 있다고 하면 Y는 X의 복사본이거나 복사본의 복사본이라고 가정하는 것이 적절하다. 만약 X와 Y가 똑같이 많은 오류가 있고 각각 자신만의 것을 약간 포함하고 있다면 그것들 모두는 아마도 하나의 원본 Z로부터 나왔을 것이며, 이 원본 Z가 분실되어 재구성되었을지도 모른다. 이런 형태로 현존하는 사본들을 각 모임이 하나의 원본에 의하여 대표되는 모임으로 분류할 수 있다. 그러고나서 그 원본으로부터 본래의 원본을 재구성한다.

원본 감정가는 언어와 사본의 전문분야에 대한 철저한 지식 이외에도 수 언어와 표기 양식의 역사에 익숙해야 하고, 또한 원본의 고대 주석을 통달하고 있어야 한다.

그러나 문학적 저작보다는 수학적 자료를 복원하는 것이 더 쉽다. 즉

---

[1] 〈원론〉의 일부분을 포함하는 기원후 몇 세기 때의 그리스 파피루스 조각이 약간 존재하긴 하지만 그것들은 너무 작고 거의 없어서 전체적인 내용에 대한 어떤 개념을 줄 수는 없다. 그러나 부분적인 검증을 하는 데에는 유익하게 이용할 수 있다.

"거친 바람이 오월의 … 싹을 흔든다"

보다

"이등변 삼각형의 … 각은 같다."

의 빠진 단어를 훨씬 더 확실하게 복원할 수 있다.

믿을 수 없을 만한 근면함으로 대부분의 그리스 수학 원본의 결정판을 우리에게 제공했던 덴마크의 고전학자 하이베르크(J.L. Heiberg)는 현존하는 유클리드 원론의 사본들이 두 부류로 나뉘진다는 사실을 발견했다. 하나를 제외하고는 모두 4세기에 활발한 편집과 주석가로서 명성을 떨쳤던 알렉산드리아의 테온(Theon)의 번역본이다. 그러나 하나의 사본은 테온과 거의 무관한 번역본에서 유래한 것으로서 테온이 사용했던 것보다는 후에 나온 원론의 사본에 근거한 것이다. 이것과 또 다른 사실을 근거로 하여 하이베르크는 유클리드의 〈원론〉의 믿을 만한 그리스 원본을 만들었고, 이것은 1883-1888년 사이에 출판되었다. 이 번역판은 예를 들어 요즘 염가판으로 쉽게 구할 수 있는 히스(T.L. Heath)의 영어판[8][2]과 같은 이후의 모든 원론의 연구와 번역물의 기초가 되었다.

그러나 말할 필요도 없이 유클리드의 〈원론〉은 하이베르크의 번역판이 나오기 훨씬 전부터 서구에 알려져 있었다. 이미 원론은 〈아라비안나이트 이야기〉(Tales of the Arabian Nights)로 잘 알려진 칼리프 하룬 알-라시드(Calif Harun ar-Rashid, 786-

---

[2] 여기서 그리고 앞으로도 대괄호 안의 숫자는 책 뒤에 있는 참고문헌 번호를 나타낸다.

809) 시대에 알-하자즈(al-Hajjaj)가 아라비아어로 번역하였으며, 뒤이어 여러 개의 아라비아판이 나왔는데 그것들 중 일부는 거칠게 축약되었고 어떤 것은 그리스 원본의 내용을 제멋대로 바꾸어 버렸다. 12세기에 몇몇 아라비아 번역판이 라틴어로 번역되어 유럽에 소개되었고, 많은 라틴어 번역판이 13세기와 14세기에 등장했다. 1482년에 〈원론〉의 최초의 인쇄본(캄파누스 번역판)이 발간되었고, 잠베르티(Zamberti)에 의한 그리스 원본의 최초의 라틴어 번역판은 1505년에 나왔다. 그리스 원본은 1533년 출판되었다.

이제 정리해 보면 다음과 같은 특성이 있음을 알 수 있다. 맨 먼저 9세기에 그리스 원본이 아라비아어로 번역되고 나서 12세기(기독교도와 회교도 사이의 분쟁이 항상 피로 얼룩진 것만은 아닌 십자군 시대)에 아랍어판이 라틴어로 번역되었으며, 그러고 나서 15세기 말에 라틴어판이 출판되고 바로 뒤이어 그리스 원본의 라틴어 번역판과 그리스 원본 자체가 출판되었으며(이제는 르네상스 시대가 되었다), 마지막으로 19세기 후반에 그리스 원본의 학문적 결정판이 출판되었다.

이 특성은 그리스의 거의 모든 수학적, 즉 기술적 원본에 대한 역사가 될 수 있으며, 다양한 시대의 기호와 관심을 잘 설명해 주고 있다. 다른 유의 변종이 존재할 수도 있고 ——예를 들어, 아르키메데스와 아폴로니우스의 책 중 일부는 아라비아 번역판으로만 보존되어 있다—— 날짜가 약간씩 바뀔 수도 있다. 그러나 대체로 이러한 특성이 있다.

2. 유클리드 이전의 그리스 수학

그리스 수학에 대한 우리의 지식과 경외는 주로 현존하는 유클리드, 아르키메데스, 아폴로니우스의 업적에 기초를 두고 있다. 이 세 수학자는 유클리드가 기원전 300년경, 아르키메데스가 기원전 287-212년, 아폴로니우스가 기원전 200년경 등 겨우 백 년 내에 걸쳐 살았고 연구하였다. 이 때는 그리스의 정치적 영향력이 약해지기 시작한 지 오래 된 후이고(알렉산더 대왕은 기원전 323년에 죽었다), 그리스 문학과 예술도 절정기를 지난 지 한참 후이다. 이 시대는 이 세 명 중 어느 누구도 그리스 본토에서 살지 않은 시대로 특징지워진다. 유클리드와 아폴로니우스는 알렉산드리아(Alexandria)에서 살았고, 아폴로니우스는 소아시아의 페르가(Perga)에서 태어난 반면, 아르키메데스는 그리스 식민지인 시실리(Sicily)의 시라쿠사(Syracuse)에서 살았는데 로마가 이 도시를 정복한 기원전 212년에 살해되었다.

따라서 그리스 수학은 알렉산더 사후의 시대를 일컫는 헬레니즘 시대에 절정에 달했지만, 그 기원은 약 3세기 전으로 거슬러 올라가야 한다. 그리스 수학에 대하여 역사학자들에게 가장 중요하고 어려운 문제 중의 하나는 유클리드 이전의 수학을 복원하는 것이다. 왜냐하면, 사소한 한 가지 예외 ─ 아우톨리코스(Autolycos)의 거의 천문학에 관한 얇은 책 ─ 를 제외하고는 이 시대에 남아 있는 수학책이 하나도 없기 때문이다.

그러므로 유클리드의 〈원론〉은 수학에서 고스란히 전해진 가장 오래 된 그리스 논문인데, 이 뛰어난 작품의 특성을 살펴보면 그 이유를 명확히 알 수 있다. 유클리드는 선조들이 조금씩 모은 수학적 지식을 이 하나의 책에 잘 배열하고 잘 표현하여 구체화하는 데 성공하였다. 그러므로 〈원론〉은 보다 이전의 수학자들의 작품을 단순한 역사적 흥밋거리로 전락시켰으며, 그 결과 그것들은 사본이 만들어지지도 않은 채 잊혀졌다. 재미있는 사실은 원뿔곡선에 대한 유클리드의 책도 비슷한 운명을 겪었다는 점이다. 왜냐하면 그것은 아폴로니우스의 뛰어난 책 〈원뿔곡선〉(Conic Sections)으로 대치되었기 때문이다. 그래서 이 분야에 대한 유클리드의 공헌은 기껏해야 제목밖에 없다.

지난 백여 년 동안 수많은 학자들은 유클리드 이전의 그리스 수학을 복원하려는 어려운 과제에 매달려 왔다. 여기에는 초기 수학자들과 그들의 책에 대한 참고자료로 고대 그리스 문헌을 주의 깊게 살피는 일이 포함되어 있는데, 운이 매우 좋으면, 문헌으로부터 인용한 문장 하나 정도 찾아 낼 수도 있다. 이런 식으로 해서 얻은 지식이 유클리드의 〈원론〉에 영향을 미쳤던 것일 수도 있고, 그래서 〈원론〉의 내용을 유클리드 이전의 다양한 수학자들의 업적으로 돌리려 할 수도 있다. 이 과제는 결코 끝나지 않았으며, 때때로 바빌로니아 수학과 같이 기대하지 않았던 발견으로 해서 그 때까지 확립된 것처럼 여겼던 광범위한 분야를 재평가하지 않을 수 없게 하기도 한다.

우리는 여기서 초기 그리스 수학을 상세히 설명하려 하지는 않을 것이다. 그러므로 다음 내용은 유클리드 이전의 업적에 대한 매우 개략적인 윤곽일 뿐이다.

그리스 구전(헤로도투스(Herodotus)와 그 밖의 사람들)에 따르면, 기원전 6세기 초에 이집트에서 그리스로 수학을 들여왔고, 증명에 대한 개념을 가장 중요하게 여기는 고대 그리스 이래로 유지되어 온 수학의 형태를 처음으로 도입한 사람은 밀레투스(Miletus)의 탈레스(Thales)이다. 탈레스에 대한 많은 일화가 상당히 과장된 것임은 분명하다. 예를 들어, 헤로도투스는 탈레스가 일식을 예견했다고 언급했지만 그 당시엔 불가능한 일이다. 또한 그가 고안하였다고 전해지는 몇몇 증명은 사실이기보다는 순전히 후세의 입맛을 반영한 설명의 성격을 띠고 있다. 그러나 그의 업적이 무엇인가에 대하여 정확하게 말할 수는 없다 하더라도, 또 영웅 숭배적인 그리스의 경향을 감안한다고 하더라도 그리스인들이 수학에 관심을 가지게 된 것은 탈레스 시대부터였다는 사실은 이론의 여지가 없다. 그러나 이집트와 바빌로니아의 수학에 대하여 현재 알고 있는 것으로 미루어 보아 그리스 수학에 대한 최초의 자극은 이집트보다는 메소포타미아로부터 전해진 것처럼 보인다.

그 후 한 세기 반 동안 열정적인 수학 활동이 이어졌는데, 특히 기원전 530년경에 명성을 날렸던 것으로 추정되는 사모스(Samos)의 피타고라스(Pythagoras)와 그의 제자 피타고라스 학파를 꼽을 수 있다. 그들은 과학, 특히 수학과 종교에 업적을 남겼는데, 그들의 종교의 교의는 수학적 또는 수의 신비적 요소를 강하게 곁들인 것이었다. 그들의 수학적 경향은 산술과 대수에 치우쳤는데, 우리가 알고 있는 바빌로니아의 수학으로 미루어 보아 바빌로니아 수학에서 강한 영향을 받은 것이 분명하다. 실제로, 피타고라스는 이집트와 바빌론을 방문했었다고 전해지며, 전해 내려오는 이야기로는 그가 이집트에서는 수학을, 바빌로니아에서는 종교적인 믿음을 배웠다고 하지만 수학적 영감을 갖게 된 것은 바빌로니아로부터였던 것이 분명하다.

피타고라스 학파가 아닌 몇몇 철학자들도 수학을 연구하였는데, 키오스(Chios)의 히포크라테스(Hippocrates)와 데모크리투스(Democritus) 같은 사람을 들 수 있다(두 사람 모두 기원전 5세기 후반의 사람이다). 아주 많은 수학적 발견들이 기하뿐만 아니라 대수에서도 이루어졌다.

히포크라테스의 달꼴(Hippocrates' Lunes)

불행히도 현재는 분실된, 요약이라는 수학사 책에 저자인

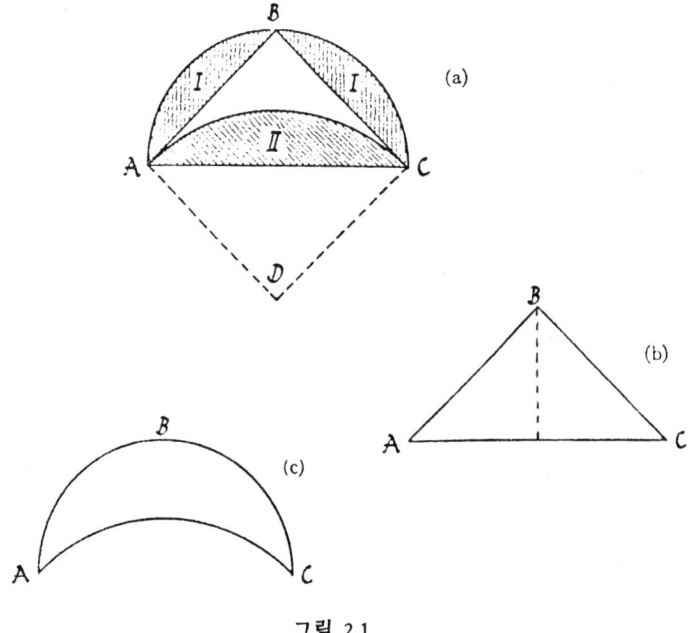

그림 2.1

에우데무스(Eudemus, 기원전 4세기)의 인용문이 나온다. 이 인용문은 소위 히포크라테스의 달꼴(lunes, 즉 초승달(crescents))에 관한 것인데, 그림 2.1은 세 부분 중 하나를 자세히 설명한 것이다.

정사각형 $ABCD$의 대각선 AC 위에 반원이 그려져 있고(그림 2.1a), D를 중심, AD를 반지름으로 하여 A에서 C까지 중심각이 90°인 원호가 그려져 있다. I의 각 호는 원의 90°활꼴이고, II도 마찬가지다. 그러므로 그것들은 닮았다. 그런데 닮은 꼴의 넓이의 비는 그것들의 선분의 비의 제곱이므로

$$\frac{\text{활꼴 I}}{\text{활꼴 II}} = \left(\frac{AB}{AC}\right)^2 = \frac{AB^2}{AC^2}$$

AC가 한 변이 AB인 정사각형의 대각선이므로 이 등식의 비율은 $\frac{1}{2}$이다. 그러므로 활꼴 II는 활꼴 I의 두 배이다. 즉, 두 활꼴 I의 합과 같다.

만약 반원에서 두 개의 활꼴 I 또는 활꼴 II 중 하나를 뺀다면 어떤 경우든 같은 양을 제거하기 때문에 결국 같은 넓이가 된다. 그런데 첫번째 경우는 삼각형 ABC(그림 2.1b)를 얻고 두 번째 경우는 초승달 또는 달꼴 ABC(그림 2.1c)를 얻는다. 그러므로 이 삼각형과 달꼴은 같은 넓이이다. 그래서 우리는 달꼴을 **정사각형화**(square)할 수 있다(평면도형을 **정사각형화**한다는 것은 주어진 그림과 같은 넓이인 정사각형을 찾는 것을 의미한다. 임의의 다각형은 쉽게 정사각형화할 수 있으며, 특히 삼각형 ABC를 정사각형화하기 위해서는 B에서부터 높이를 따라 자른 다음 두 삼각형을 정사각형의 형태로 배열하면 된다).

히포크라테스는 정사각형화할 수 있는 두 개의 다른 달꼴의 예를 보였는데, 하나는 외부의 호가 반원보다 작은 것이고 다른 하나는 반원보다 큰 경우이다.

호기심을 끄는 이 문제는 의심할 여지 없이 원을 정사각형화하는 문제 ──오늘날 우리는 컴퍼스와 눈금 없는 자만을 가지고 시행하는 제한된 조작만으로는 이것이 이루어질 수 없다는 것을 알고 있다── 에서 생겨났다. 그리고 이것은 분명히 히포크라테스가 원도 정사각형화할 수 있다는 사실을 이끌어내는 암시가 되었다. 물론 이것은 틀렸으며, 실제는 그의 달꼴이 정사각형화되게 특별히 만들어졌을 뿐이다. 그러나 그는 정사각형화할 수 있는 곡선 모양의 경계를 갖는 영역이 존재한다는 사실을 보이고, 따라서 원을 정사각화하는 문제가 어려운 이유가 단지 둘레가 선분으로 이루어지지 않았기 때문만은 아니라는 사실을 지적하는 데 최초로 성공하였다.

기원전 5세기 종반으로 접어들면서 논리적 혼란이 일어났다. 이것은 아마도 두 가지 원인으로 설명할 수 있을 것이다. 그 중 하나는 피타고라스 학파에 의한 $\sqrt{2}$라는 무리수의 발견이고, 다른 하나는 파르메니데스(Parmenides)가 시작하고 제논(Zeno)이 그의 유명한 역설에서 예리하게 지적한 논리연구이다.

$\sqrt{2}$의 무리수성 (Irrationality of $\sqrt{2}$)

$\sqrt{2}$가 무리수라는 고전적 증명은(이것의 개요는 아리스토텔레스(Aristotle) 시대에 등장한다) 다음과 같다. 이것은 a, b가 정수일 때, 제곱이 2가 되는 분수 $\frac{a}{b}$가 존재하지 않는다는 것을

보이면 된다.

짝수의 제곱은 짝수이고 홀수의 제곱은 홀수라는 간단한 사실을 이용할 것이다. 이 증명은 간접적인 것이다. 즉, 이 정리가 거짓이라고 가정하고 이 가정에 따르면 모순에 이르게 된다는 것을 보이는 것이다. 그래서 제곱이 2인 분수가 존재한다고 가정하자. 그런 분수가 있다면 그 분수의 기약분수도 존재하고, 그것을 $\frac{a}{b}$라 하면

$$\frac{a^2}{b^2} = 2$$

또는

(1) $$a^2 = 2b^2$$

이제 a의 제곱은 짝수(즉 $2b^2$)이고, 홀수의 제곱은 홀수이므로 a는 짝수임에 틀림없다. $\frac{a}{b}$가 기약이므로 b는 반드시 홀수이어야 한다. 그렇지 않으면 분모와 분자 모두 2로 나누어지기 때문이다.

우리는 a가 짝수, b가 홀수라는 것을 알았는데, 이것은 a가 어떤 정수의 두 배라는 의미이다. 즉,

$$a = 2p, \ p\text{는 정수}$$

이고, 이것을 식 (1)에 대입하면

$$4p^2 = 2b^2$$

또는

$$b^2 = 2p^2$$

을 얻는다. b가 홀수이므로 b^2도 홀수인데, 이 마지막 식에 의하면 b^2이 짝수가 된다. 따라서 이것은 모순이다. 그러므로 우리의 가정은 거짓이 되고 정리는 참이다.

바빌로니아인들은 60진법으로 나타낸 $\sqrt{2}$의 훌륭한 근사값을 찾고(40쪽 참조) 이 근사값에 만족했던 것처럼 보인 반면에, 그리스에서는 비록 $\sqrt{2}$가 무리수이고 그리 실제적인 흥미를 끌지 못하는 결과를 얻기는 했지만 이 문제를 끝까지 논리적으로 몰고 갔다는 사실은 주목할 만하다.

아킬레스와 거북이에 관한 제논의 역설 (Zeno's Paradox about Achilles and the Tortoise)

아리스토텔레스의 〈물리학〉(Physics)에 제논의 역설이 나온다. 그 두 번째가 다음과 같은 내용으로 아킬레스(Achilles)가 거북이와의 경주에서 진다는 것이다.

발이 빠른 아킬레스가 거북이와 경주를 하는데, 공평하게 하기 위하여 거북이를 앞에서 출발시킨다. 그러면 기대(그리고 우리의 경험)와는 반대로 아킬레스는 거북이를 앞지를 수 없다. 왜냐하면, 제논이 말하기를, 거북이가 처음 출발했던 위치에 아킬레스가 도착했을 때 거북이는 천천히 움직였지만 앞으로 나아갔으므로 아킬레스는 거북이를 앞서지 못한다. 아킬레스가 그 다음 위치에 갔을 때 거북이는 앞으로 더 나아갔으므로 아직까지 거북이를 앞서지 못한다. 그리고 그 다음 위치에 이르렀을 때도 마찬가지이기 때문이다. 이와 같이 생각하면 아킬레스는 결코 거북이를 따라잡을 수 없다. 여기서 제논은 교묘한 방법으로 아킬레스의 출발에서 거북이를 따라잡는 데까지의 시간 간격을 무한히 많은 시간 간격으로 나누었다. 그러고나서 무한히 많은 항의 합은 반드시 무한이 되어야 한다고 주장했는데, 이것은 잘못된 생각이다. 이것은

$$\frac{1}{3} = 0.333\cdots = 0.3 + 0.03 + 0.003 + \cdots$$

이고, 이 등식의 우변의 항이 무한하기 때문에 $\frac{1}{3}$ 을 무한이라고 하는 것과 마찬가지다.

    제논의 다른 역설들도 이와 같은 종류의 추론을 사용하고 있다. 예를 들어, 화살이 한 순간에 움직이지 않는다면 일정 기간에서도 움직일 수 없기 때문에 운동은 불가능하다는 논증을 들 수 있다. 그것들은 모두 오늘날 연속, 극한, 실수계의 엄밀한 도입 같은 내용을 포함하고 있는 수학의 영역으로부터 나온 문제들과 관련되어 있다. 제논의 주목적은 경쟁 학설로부터 얼마나 쉽게 우스운 결론을 이끌어낼 수 있는가를 보여줌으로써 파르메니데스보다는 자신의 철학적 체계를 방어하려 했던 것 같다. 그러나 그의 추론은 수학자들에게는 극한을 확실하다고 여기기 전에 얼마만큼 주의 깊고 면밀하게 조사해야 하는지를 보여 주고 있기 때문에 경고성의 예가 된다.

    $\sqrt{2}$ 의 비유리수성의 발견은 또한 실수의 정확한 이해와 관

련된 수학 분야에 속하며, 이 발견은 아마도 수학에 상당히 큰 영향을 주었을 것이다. 먼저, 이것은 닮음이론 전체를 위태롭게 했다. 만약 두 삼각형의 대응하는 각이 같다면 대응하는 변들은 비례한다는 닮은 삼각형의 기본정리를 잠시 생각한다면 이것은 분명해질 것이다. 그림 2.2는 이것의 기초적인 증명(알게 되겠지만 이 증명은 불완전하다)을 일깨워 준다.[3]

두 삼각형 △ABC와 △$AB'C'$에서

$$\angle A = \angle A$$
$$\angle B = \angle B'$$
$$\angle C = \angle C'$$

이라 하자. 삼각형 $AB'C'$은 삼각형 ABC와 각 A를 공유하고 AB'은 AB 위에 놓여 있다. 그러면 $B'C'$은 BC와 평행하다. 이제 p, q가 정수일 때, m을 p배 하면 AB', q배 하면 AB가 되는 선분이라 하자(그림에서는 $p=4$이고 $q=7$이다). 그러면

$$\frac{AB'}{AB} = \frac{p}{q}$$

이므로

$$\frac{AC'}{AC} = \frac{p}{q}$$

가 성립함만 보이면

---

[3] 이 증명은 I. Niven, *Numbers: Rational and Irrational*, Section 3.7. pp. 46-51과 L. Zippin, *Uses of Infinity*, Section 6.2. pp. 97-101을 참고하기 바란다.

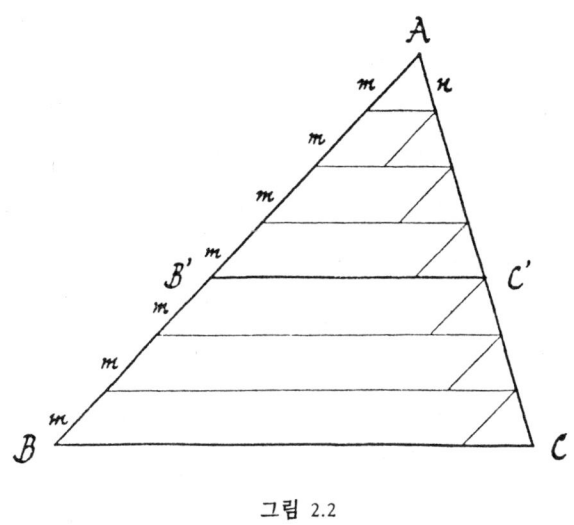

그림 2.2

$$\frac{AB'}{AB} = \frac{AC'}{AC}$$

임을 증명하게 된다. $B'C'$과 BC에 평행한 일련의 선분을 그리고(그림 2.2 참조), 평행사변형과 오른쪽의 작은 삼각형을 만들자. 그러면 이 삼각형들은 합동이고, AC'이 p개의 등분된 선분 n으로 나누어지고 AC가 q개의 등분된 선분 n으로 나누어지므로 이 삼각형들은 합동이다. 그러므로

$$\frac{AC'}{AC} = \frac{p}{q}$$

이다.

물론 이 증명의 진행 과정은 틀림이 없다. 그러나 이것은

대응하는 변, 여기서는 AB'과 AB가 공통의 측도 m(또는 같은 단위로 잴 수 있는(commensurable))이 있다는 가정에 의거하고 있다. 이것은 분명히 그것들이 유리수 비율이라는 의미이다. 그런데 $\sqrt{2}$의 비유리수성의 증명으로 언제나 이렇게 되는 것은 아니라는 것이 분명해졌다. 예를 들어, AB'이 정사각형의 한 변이고 AB가 그 대각선이라면 $\sqrt{2}$의 비유리수성에 의하여 그런 m은 찾을 수 없다. 따라서 위의 증명은 이런 경우에는 적용되지 못하므로 불완전하다.

다음으로, $\sqrt{2}$의 비유리수성은 대수학에서는 심각한 결과를 가져왔다. 왜냐하면 쉽게 나타낼 수 있는

$$x^2 = 2$$

와 같은 단순한 방정식이 (유리수의 범위에서) 해가 없다는 것을 보여 주었기 때문이다.

이 새로운 비판과 극한, 닮음, 대수에 대한 이것의 응용으로 해서 많은 옛날 증명들이 설득력을 잃고 단순히 그럴싸한 논증으로 전락했다. 만약 수학이 이것을 헤쳐나가려 한다면, 새롭고 더 견고한 기초가 제공되어야 했다.

대수적인 딜레마는 아마도 오늘날 우리가 그리스의 **기하학적 대수**(geometric algebra)라고 하는 것을 야기시킨 것 같다. 비록 방정식

$$x^2 = 2$$

가 유리수의 범위에서 해가 없다고 하더라도 이것은 쉬운 기하

적 해가 있다. 즉 피타고라스의 정리에서 알 수 있듯이 x는 단위 정사각형의 대각선이다. 그래서 전반적인 대수가 기하학적 용어로 재구성되었는데, 예를 들면, "변 a와 b의 직사각형"은 "a 곱하기 b" 대신에 사용되었고, 오늘날 x^2과 x^3을 x에 관한 **정사각형**(square)과 **정육면체**(cube)로 부르는 것은 이런 전통에서 비롯된 것이다. 유클리드의 〈원론〉의 II권은 기하학에 속하는 정리들로 구성되어 있으나 그것의 내용은 완전히 대수이다. 우리는 다음에 정오각형의 유클리드 작도에 이르는 정리를 소개하면서 이것의 예를 살펴볼 것이다.

또한, 이 논의는 닮음의 개념에 대한 어려움을 극복하려는 시도가 그것을 피하는 것으로 이루어지기도 한다는 사실을 보여 줄 것이다. 그러나 이것은 물론 단지 일시적인 측도일 뿐이다. 이에 대한 견고한 수학적 기초를 제공한 사람은 바로 에우독소스(Eudoxos)이다. 우리는 이 사실을 아르키메데스의 언급과 프로클로스(Proclus)의 주석에서부터 유클리드의 〈원론〉까지 배운다.

에우독소스는 플라톤(Plato)보다 젊은 세대였고, 그래서 그는 대략 기원전 370년경에 활약했음이 틀림없다. 그는 비율의 **상등**(equality)에 대한 새로운 정의와 한 비율이 언제 다른 것보다 더 큰가에 대한 새로운 기준을 소개함으로써 닮음정리의 딜레마를 해결하였다. 그는 이것을 전적으로 수 전체의 기초 위에서 행했으나 같은 방식으로 둘 다 유리수이거나 무리수인 경우에도 적용된다. 그는 비 자체는 정의하지 않은 채 그대로 두었는데, 이것은 매우 현명한 일이었다. 왜냐하면 오늘날 그것들을 정의하는 것이 실수의 엄밀한 도입을 포함하는 것이라는 사실을 알기 때문이다. 이런 내용은 유클리드의 〈원론〉 V권에 나온다.

이런 방법으로 에우독소스는 무한수열의 수렴에 대한 완벽한 판정법을 이끌어냈다(〈원론〉, X권 명제 1). 그것은 다음과 같다.

서로 같지 않은 두 크기(예를 들어, 길이, 넓이 또는 부피 등)가 주어졌다고 하자. 둘 중 더 큰 것으로부터 적어도 반을 제거하고, 또 남은 부분으로부터 적어도 반을 제거하는 식으로 계속해 나아가자. 유한 번 실행한 후에, 남아 있는 것이 주어진 두 양 중 더 작은 것보다 더 작게 만들 수 있다. 현대적 표현법으로 바꾸면 이 명제는 다음과 같다.

주어진 $A > \varepsilon$에 대하여 $a_i \leq \frac{1}{2} (i = 1, 2, \cdots)$이라 하면

$$A \cdot a_1 \cdot a_2 \cdots a_n < \varepsilon$$

을 만족하는 n이 존재한다. 또 다르게 표현하면

$$a_i \leq \frac{1}{2} \Longrightarrow \lim_{n \to \infty} a_1 \cdot a_2 \cdots a_n = 0$$

에우독소스의 판정 기준은 진지하고 과학적 특성을 띤 후속되는 그리스 수학책에 나오는 모든 극한 과정에 대한 유일무이한 기초를 형성하였다. 특히, 그것은 현대 적분에 관련된 기술인 실진법이라고 하는 것의 기초였다.

에우독소스의 수학적 업적을 검토하는 일은 이 책의 관점

을 완전히 벗어나는 것이다. 왜냐하면 그것들을 정확히 이해하려면 상당한 수학적 예비지식과 논증법을 알아야 하기 때문이다. 수학적 통찰력의 수준이 에우독소스에 견줄 수 있을 만큼 다시 도달한 때는 19세기 중반이었다.

사실, 19세기 중반은 위에서 개략적으로 살펴본 것과 같은 수학의 발전 국면이 끝난 때이다. 이것은 1700년 직전 거의 동시에 발견된 뉴턴(Newton)과 라이프니츠(Leibniz)의 미적분학과 더불어 시작되었다. 그 후 한 세기 동안 이 새로운 수학 영역에서는 엄밀한 과정의 법칙에 의한 정확함에 구애받을 수 없다고 열렬히 주장했던 수학자들의 활발한 활동이 이어졌다. 오일러(Euler)가 이 시기에 가장 돋보이는 대표적인 사람이다. 그는 믿기 어려울 정도의 생산력으로 고도의 독창성을 지닌 수학 논문을 대량으로 발표해 냈으나, 종종 그릇된 결론에 도달하지 않게 하는 것은 오직 자신만의 직관과 통찰력이었다. 그러나 19세기 초 아벨(Abel)과 코시(Cauchy) 등의 비판적 반응이 나타나기 시작하고, 데데킨트(Dedekind), 바이어슈트라스(Weierstrass), 칸토어(Cantor)가 완벽한 방식으로 실수를 도입한 19세기 후반 동안 미적분학의 기초를 견고히 하는 마지막 단계들이 진행되었다.

크든작든 간에 수학에서는 이와 같은 방식이 되풀이된다. 즉 처음에는 빠르게 나타나고, 때로 고무되며 비판 없이 발전하고 나서, 그 기초에 대한 엄밀한 확인 작업이 필요한 비평과 의혹을 품는 단계를 거쳐 마지막으로 주의 깊게 정리하고, 그것을 완성품으로 만들어 주었던 다양한 부분들을 닦아낸다.

〈원론〉에 포함된 유클리드의 위대한 업적은 초기 그리스 수학의 마지막 단계를 대표하고 있으며, 그의 노력은 〈원론〉이 이천 년 넘게 표준 교과서로 남아 있을 만큼 성공적이었다.

3. 유클리드의 〈원론〉

유클리드에 관하여는 보존된 그의 책을 제외하고는 확실히 알려진 것이 없다. 〈원론〉의 주석을 썼던 프로클로스(410-485)조차도 유클리드가 이집트의 톨레미 I 소터(Ptolemy I Sóter 기원전 304-285년)의 치세에 살았던 것을 주장하는 그럴듯한 말밖에 할 수 없었다. 그는 아르키메데스가 〈원론〉을 인용했기 때문에 유클리드는 아르키메데스(기원전 287-212년)보다 전 사람이고, 그들의 업적이 〈원론〉에 반영되어 있기 때문에 에우독소스와 테아에테투스(Theaetetus)보다는 후세 사람이라고 말했다. 톨레미 왕과 유클리드에 관한 일화가 있는데, 프로클로스는 그 왕이 분명히 톨레미 I세일 거라고 결론지었다.

그 일화는 다음과 같다. 〈원론〉을 살펴본 왕이 유클리드에게 기하학을 배우는 지름길이 없겠냐고 기대를 걸고 물었는데, 유클리드는 단호히 "기하학에는 왕도가 없다"라고 대답하였다. 알렉산더 대왕과 수학자 메나에크무스(Menaechmus)에 관한 이와 똑같은 이야기가 스토바에우스(Stobaeus)에 의하여 전해지고 있긴 하지만, 어쨌든 이것은 귀감이 되는 일화이다. 스토바에우스는 또한 유클리드와 그의 제자에 관한 다음과 같은 일화를 말한다. 기하학을 처음으로 배우기 시작한 한 학생이 첫번째 정리를 배우고 나서 유클리드에게 "내가 이것을 배워서 무엇을 얻습니까?"라고 묻자, 유클리드는 노예를 불러서 "그에게 동전 한 잎을 갖다 주어라. 그는 항상 그가 배운 것으로부터 무언가를 얻어야만 하니까"라고 말했다.

　이런 출처가 불명한 일화들이 유클리드의 개인 신상에 관해 우리가 알고 있는 전부이다. 덧붙여, 유클리드는 기원전 300년경의 알렉산드리아에서 활동했고, ──물론 이것은 정말 중요한 사실인데── 〈원론〉을 썼다는 것이다.

　〈원론〉은 열세 권으로 구성되어 있으며, 주석 없이 본문만을 번역하더라도 꽤 많은 분량이 될 것이다. 이 열세 권의 책에서 유클리드는 그의 시대에 축적된 모든 수학적 지식을 원뿔곡선, 구면기하학 등과 같은 약간의 주목할 만한 이례적인 내용과 자신이 발견한 약간의 내용과 함께 통합하였다. 그의 위대한 업적은 내용을 아름다울 만큼 체계적인 형태로 정리하고, 그것을 유기적 통일체로 취급한 점이다.

　그는 I권을 일련의 **정의**로 시작했는데, 첫번째 것은 "점은 어떠한 부분도 갖지 않는 것이다"라는 것이다. 이렇게 한 의도는 독자들에게 수학적 용어가 사용되는 방식에 대한 감각을 느끼게 하는 데에 있다. 그러고나서 다섯 개의 **공준**(postulate)과 다섯 개의 **통념**(common notion)을 제시하였는데, 이것들은 정리를 만들 수 있는 가정을 형성한다.

　히스[8]의 번역본에 있는 공준과 통념은 각각 다음과 같다.

공 준

1. 한 점에서 다른 한 점으로 직선을 그릴 수 있다.
2. 선분을 무한히 연장할 수 있다.
3. 임의의 점을 중심으로 하고, 임의의 거리를 반지름으로 하는 원을 그릴 수 있다.
4. 모든 직각은 같다.
5. 한 직선이 두 직선과 만날 때, 어느 한 쪽에 있는 내각의 합이 두 직각보다 작으면 이 두 직선은 무한히 연장될 때 그 쪽에서 만난다.

통 념

1. 동일한 것과 같은 것들은 모두 서로 같다.
2. 같은 것에 어떤 같은 것을 더하면 그 전체는 서로 같다.
3. 같은 것에서 어떤 같은 것을 빼면 그 나머지는 서로 같다.
4. 서로 일치하는 것은 서로 같다.
5. 전체는 부분보다 크다.

    공준들은 이 경우에 평면 기하학처럼 특별한 분야에 적용되는 기본 가정인 반면에, 통념은 전 분야에서 가정된다. 오늘날에는 대부분의 수학자들이 더 이상 그와 같은 구분의 필요성을 느끼지 않고 둘 다 **공리**(axiom) 또는 **공준**(postulate)이라 부른다.

    유클리드의 공리들을 논의하기 전에 수학적 이론의 실체가 의존하는 것에 대하여 잠깐 생각해 보는 것이 좋겠다. 만약 우리가 수학논문에서 사소한 설명을 제거한다면 각각의 증명이 수반된 일련의 정리만 남는다. 증명은 그 정리가 이전 정리들의 논리적 결과라는 것을 보여 주는 과정으로 구성되어 있다. 그러나 이것은 말할 것도 없이, 최초의 "정리"는 이것의 증명에 사용할 이전의 정리가 없기 때문에 증명할 수 없음을 의미한다. 어떤 이론을 창시하는 증명할 수 없는 정리들을 공리(axiom)라고 한다. 그 이론은 공리가 "실제로" 참이거나 거짓인 것과 무관하며, 모든 이론들은 만약 공리가 사실이라면 결과로 나온 모든 정리도 사실이라는 것을 뜻한다는 점을 주목하여야 한다. 더욱이, 순수수학의 관점에서 보면 공리에 들어 있는 점, 선, 원 같은 것들이 무엇이든 상관이 없으며, 그러한 정해지지 않은 객체 사이의 관계, 예를 들어 서로 다른 두 직선은 기껏해야 한 점에서 만난다는 것이 무엇을 뜻하든지 상관이 없다. 어떤 이론에 관련된 객체들을 정의하지 않는 것은 수학을 단순히 쓸모없는 이야기로 축소시키는 것이 아니라 종종 그것을 가장 유용하게 만든다. 이를테면 물리학에서, 공리에서 주장하는 관계를 만족하는 객체들을 마주칠 때는 언제나, 전체 이론이 승계되고, 객체에 적용할 수 있기 때문이다. 이것이 어떠한 오래 된 공리집합도 수학자들이 꾸준히 행복하게 연구할 수 있도록 할 수 있다는 결론을 이끌어 내서는 안 된다. 그것들은 분명하지는 않으나 가장 중요한 면인 "의미가 있어야" 한다는 것을 제쳐두고라도 공리집합은 다음 세 가지 성질이 있어야 한다.

1. 완비성(Completeness) — 정리에서 이용될 모든 것이 공리에서 완전히 설명되어 은연중의 가정이 없음을 의미한다.

2. **무모순성**(Consistency) — 공리로부터 모순되는 두 개의 정리를 이끌어 낼 수 없음을 의미한다.
3. **독립성**(Independence) — 공리 중 어느 것도 다른 것들로부터 이끌어 내어지지 않는다는 것을 의미한다.

각각에 대하여 약간의 설명을 차례로 하자. 어떤 정리의 공리화는 종종 그 정리가 이미 한동안 연구된 후에 이루어진다는 사실을 앞에서 언급한 바 있는데, ─이것은 그 공리들이 의미가 있다는 것을 확신시켜 주는 좋은 방법이다─ 그러므로 공리들이 완전하다고 확신하는 것은 생각만큼 단순하지는 않다. 왜냐하면, 우리가 어떤 개념에 익숙해졌을 때, 그것들이 공리에 의하여 정당화되어야 한다는 사실을 쉽게 잊어버리기 때문이다. 그러나 만약 각 논의를 세세하게 음미하면서 조심스레 나아간다면 어떠한 은연중의 가정도 만들어지지 않는다고 확신할 수 있다.

공리집합의 무모순성은 결정하기 매우 어려운 일이다. 우리는 대개 어떤 공리집합, 가령 평면 유클리드 기하학의 공리집합은 다른 공리집합, 가령 실수 체계에 대한 공리집합이 일관성이 있다면 일관성이 있다고 증명하곤 하는데, 주어진 예에서 두 공리집합 사이의 가교는 해석기하학이다. 임의의 공리집합이 일관성이 있다고 얼마만큼 말할 수 있는지는 수리논리학자들이 안고 있는 문제이다. 마지막 요구인 독립성은 절약에 관한 관심을 나타낸다. 왜냐하면, 그것은 우리가 꼭 필요한 것보다 더 많은 공리를 설정하지 않아야 한다는 것을 의미하기 때문이다. 만

만약 공리계가 무모순성과 완비성은 갖추었으나 독립성은 없다고 해도 큰 해가 있는 것은 아니다. 이것은 단순히 몇 개의 공리가 잘못 분류되었는데, 그것들은 다른 것에서 증명될 수 있으므로 정리로 불려야 한다는 것을 의미할 뿐이다.

공리론에 관한 이 몇 가지 의견은 분명히 현대적 색채를 띠고 있으며, 비록 내가 특히 아르키메데스 같은 몇몇 그리스 수학자들이 그 당시에 이 관점이 있었다는 느낌이 있긴 하지만, 대부분의 고대인들에게 공리는 다른 관점, 즉 사실에 대한 진술로서 누구나가 인정할 수 있는 자명한 사실로 나타난다는 것은 분명하다. 그럼에도 불구하고 유클리드 공리가 어떻게 현대적 요구에 부합하는지 의문을 품는 것은 당연하다. 왜냐하면 공리학은 유클리드의 노력의 직접적인 산물이기 때문이다.

이미 첫번째 책의 첫번째 명제에서 유클리드 공리들이 완벽하지 않다는 것이 분명히 드러난다. 그 명제는 주어진 선분 AB 위에 정삼각형을 작도하는 것이다. 그 작도는 통상적인 것이다(그림 2.3을 보라). 그러나 공리에는 두 호가 한 점에서 만난다는 사실에 이르게 하는 것이 없고, 따라서 유클리드는 은연 중의 가정을 한 것이 된다. 만약 우리가 **분명히** 원들이 만나야만 한다거나 누구나 스스로 해 보면 그렇게 되는 것을 **알 수 있다**고 말한다면, 더 이상 수학을 하는 것이 아니라 그림을 이용한 경험적인 연구를 하고 있는 것이다(어쨌든 여기서 공리는 사용하지 않는다). 물론 그림은 유용하며, 많은 아이디어를 제공할 수도 있고, 논쟁의 맥락을 유지하는 데 도움이 되기도 한다. 그러나 그것이 추론과 연결되어서는 결코 안 된다.

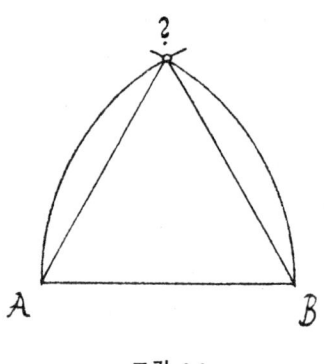

그림 2.3

유클리드는 다른 여러 은연중의 가정을 하였는데, 특히 이동과 합동에 대한 것들을 들 수 있다. 그러나 우리는 통찰력의 예리함이 습관에 의하여 무뎌졌을 때, 문제를 인식하는 것이 얼마나 어려운지를 이미 언급한 바 있다. 사실 유클리드 기하학에 대한 완벽한 공리집합은 1900년이 되어서야 (힐베르트(David Hilbert)의 유명한 책 〈기하학의 기초〉(Grundlagen der Geometrie)에 의하여) 비로소 주어졌다.

유클리드의 공리들은 산술만큼 일관성이 있다. 왜냐하면 그것들을 만족하는 산술적 모델을 만들 수 있기 때문이다. 이 모델을 해석기하라고 부른다.

고대로부터 19세기 중반까지 수학자들에게 가장 큰 관심을 불러일으킨 공리적 문제는 유클리드 체계, 특히 다섯 번째 공준의 독립성이었다. 이것은 다소 호기심을 끄는 듯하다. 왜냐하면 우리가 알고 있듯이 공리의 독립성은 전체적인 이론의 논리적

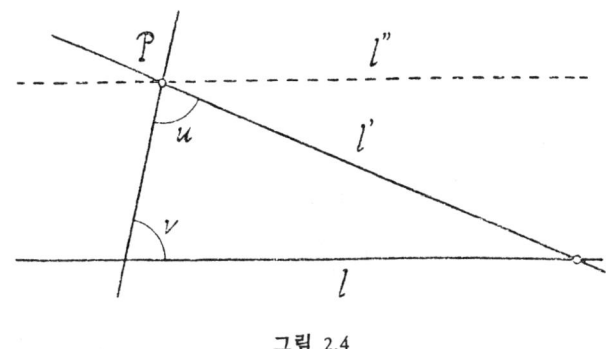

그림 2.4

유효성에 아무런 영향을 끼치지 않기 때문이다. 그러나 이 활동은 옛날 수학자들의 공리학에 대한 태도를 반영하고 있다.

다섯 번째 공준은 **평행 공준**(parallel postulate)이라고 한다. 왜냐하면, 이것은 직선 l 위에 있지 않은 주어진 점 P를 지나며 직선 l에 평행인 직선이 기껏해야 하나 있다는 것을 뜻하기 때문이다. 즉 (그림 2.4를 보라)

$$u + v < 2 \times 90°$$

라 하면 다섯 번째 공준은 l'과 l이 만난다는 것을 말하고, 만약

$$u + v > 2 \times 90°$$

이면 l'과 l은 반대쪽에서 만난다는 것을 쉽게 알 수 있다. 그러므로 P를 지나며 l과 평행일 가능성이 있는 직선은 다음 조건을 만족하는 l''뿐이다.

$$u + v = 2 \times 90°$$

사실 l''이 l에 평행하다는 것은 다른 공리들로부터 나온다(유클리드는 이것을 I, 28[4]에서 증명했다).

어쨋든 다섯 번째 공준은 다른 것처럼 자연스럽거나 자명하지 않게 느껴졌다. 왜냐하면 두 직선이 만나는 점은 수천 마일 지나서 존재할 수도 있기 때문이다. 그리고 이것을 증명하려는 수많은 시도, 예를 들어 천문학자인 프톨레마이오스 같은 사람들에 의하여 행해졌다. 그러나 평행 공준에 대한 이 "증명들"을 면밀히 검토해 보면 그들은 단순히 그것을 자신에게 보다 덜 부담스런 다양한 은연중의 가정으로 대치하는 데 성공했을 뿐이었다.

18세기 말로 접어들면서, 사케리(Saccheri)의 연구를 시작으로 간접적인 증명으로써 평행 공준의 종속성을 보이려는 새로운 시도들이 행해졌다. 이렇게 하는 이유는, 만약 평행 공준이 처음 네 개의 공준의 결과라면 이 네 가지 공준과 평행 공준의 부정은 모순에 이르게 될 것이고, 따라서 그것은 무모순성이 없다는 것이다. 그러나 이 새로운 공리집합은 모순에 이르기는 커녕 산술적 모델이 만들어질 수도 있는 아름답고 무모순성이 있는 이론의 기초가 됨이 판명되었다—— 이것이 오늘날 소위 비유클리드 기하학의 탄생이다. 처음 네 개의 공준은 평행 공준과 평행 공준의 부정 모두에 모순이 없음을 보여 주었고, 그러므로 유클리드 공준들의 독립성은 마침내 그가 죽은 지 이천

---

[4] 여기서, 그리고 앞으로, 〈원론〉을 참고하는 데 나오는 로마숫자는 권수를 나타내고 아라비아 숫자는 명제 번호를 말한다.

년 이상이 지난 뒤에야 확립되었다. 처음으로 비유클리드 기하학을 발견한 사람으로 가우스(Gauss), 볼리아이(Bolyai), 로바체프스키(Lobachevsky)를 꼽는다.

유클리드는 결과적으로 비유클리드 기하학에 의하여 정당성이 입증되었다. 그가 평행 공준을 그의 공리 중 하나로 했던 것은 옳았다. 하지만 이 결정이 그에게 옳다는 확실을 주지 못했던 사실은 그가 그것을 사용했던 방식으로부터 추론할 수 있는데, 우리는 유클리드에 관한 다른 것과 마찬가지로 본문으로부터 추론해 내야 한다. 왜냐하면 ——〈원론〉에는 단지 정의, 공리, 정리, 증명만 있고 머리말과 어떠한 주석이나 내용에 대한 설명도 없기 때문이다. I권에서 그는 평행선이 다른 직선과 만날 때, 같은 쪽의 내각들의 합은 두 직각과 같다(이 증명은 본질적으로 위에서 언급한 논증과 같다)는 명제 29의 증명에 이르기까지 평행 공준을 사용하지 않았다. 그는 명제 I, 17 바로 다음에 다섯 번째 공준을 이용할 적절한 기회가 있었는데, 만약 그렇게 했다면 그 뒤에 나오는 여러 논증을 짧고 보다 예리하게 만들 수도 있었을 것이다. 그러므로 평행 공준의 이용을 자제한 것은 고의적인 것이었고, 유클리드는 비록 증명이 더디게 진행되더라도 될 수 있는 한 평행 공준을 이용하지 않고 증명을 하려 했음이 분명하다. 우리는 여기서 한편으로는 평행 공준에 대한 유클리드의 특별한 감정을 확인할 수 있고, 다른 한편으로는 그의 절약원리에 대한 애착의 첫번째 예를 볼 수 있다. 또한 유클리드가 I권의 처음 29개의 명제에서 유클리드 기하학과 비유클리드 기하학 중의 어떤 것을 동시에 시행하고 있었다는 사실을 알 수 있다.

〈원론〉의 열세 권의 내용을 요약하면 다음과 같다.

I권   기본 작도, 합동정리, 다각형의 넓이, 피타고라스 정리
II권   기하학적 대수
III권 원
IV권   정다각형의 작도
V권   에우독소스의 비례론
VI권   닮음
VII-IX권 수론
X권   무리수의 분류(테아에테투스)
XI권   입체기하학, 간단한 부피
XII권 에우독소스의 "실진법"에 의한 넓이와 부피
XIII권 정다면체 작도

구식 기하학 교과과정은 I권의 대부분과 III권과 IV권의 약간의 내용 그리고 IV권에 있는 정리들을 쉽게 소개하는 정도였다. 앞에서 대충 살펴본 내용 목록에서 유클리드 〈원론〉의 영역을 대강 알 수 있고, II권, VII권, VIII권, IX권, X권의 내용은 영어에서 동일시되어 왔던 두 단어 "유클리드"와 "기하학"을 동일시하는 것이 전적으로 옳지는 않다는 사실을 분명하게 보여 준다. II권과 X권은 대수이고, VII-IX권에서는 범자연수 또는 정수를 연구하는 수학의 한 분야인 수론을 다루었다. 우리는 바빌로니아인들이 수론에 흥미가 있었다는 증거를 보았었다(플

림프톤 322와 피타고라스 3쌍; 1장 46쪽을 보라). 그러나 유클리드 이전의 어느 곳에서도 적절한 증명을 갖춘 논리적인 일련의 일반적인 정리들을 찾을 수 없다. 어떤 수가 언제나 다른 어떤 수를 나누지는 않는다는 것이 (유리수와 비교되는) 정수의 특성이다. 유클리드는 나누어 떨어짐 이론에 특히 관심이 있었고, 거기에서의 소수[5]의 역할에 대하여 매우 강조하였다. 우리는 여러 가지 중에 두 정수의 최대공약수를 결정하는 방법(유클리드 호제법(Euclid's Algorithm))과 무한히 많은 소수가 존재한다는 정리, 즉 수열 $2, 3, 5, 7, 11, 13, 17, \cdots$은 결코 끝이 없다는 것 또는 유클리드의 표현(IX, 20)을 그대로 쓰면 다음과 같은 정리의 증명을 찾을 수 있다.

소수는 임의의 정해진 다수의 소수보다 더 많다.

그 증명이 수학적 아름다움의 표준이어서 여기에 그 내용을 소개하지 않을 수 없다. 우선 다음을 가정하자.

VII, 31 : 임의의 합성수는 어떤 소수로 나누어진다. 즉 임의의 합성수(소수가 아닌 수 $a \neq 1$)는 항상 소인수가 있다. 그 이유는 다음과 같다. a가 합성수라는 것은 1보다는 크고 a보다는 작은 인수 d가 있음을 뜻한다. 만약 d가 소수라면 정리가 증명되고, 그렇지 않다면 d는 합성수이므로 1보다 크고 d보다

---

[5] 소수는 1보다 큰 정수로 단지 1 (그리고 자기 자신)만으로 나누어지는 수이다. 즉 $2, 3, 5, 7, 11, 13, \cdots$ 등이 있다. 그 이름 prime은 그리스어 *protos arithmos*를 축약하여 옮긴 것이다. 전공적인 여러 이유 때문에 1은 소수에 포함시키지 않는다.

작은 인수 d'가 있다. 그러면 d' 또한 a의 인수이다. 만약 d'이 소수이면 증명은 끝나고 그렇지 않으면 d'은 1보다 크고 d'보다 작은 인수 d''이 있다. d''은 d'의 인수이므로 d의 인수이고, 따라서 a의 인수이다. 만약 d''이 소수라면 증명은 끝나고, 그렇지 않으면 위와 같은 방법을 계속 적용할 수 있다. 그러나 이와 같은 방법은 무한히 계속될 수 없다. 왜냐하면

$$a > d > d' > d'' > \cdots$$

이 모두 1보다 큰 수로 감소하는 수열이기 때문에 유한일 수밖에 없다(이것은 기껏해야 a개 이하이다). 이 수열의 끝은 소수 d일 수밖에 없고, 따라서 a는 소인수가 있다.

이제 소수가 무한히 많다는 것에 대한 유클리드의 증명으로 돌아가자. 그는 어떤 소수 $p_1, p_2, \cdots, p_n$이 주어졌다면, 언제나 소수를 하나 더 찾을 수 있음을 보였다. N을 주어진 소수를 모두 곱하여 1을 더한 수라 하자. 즉

$$N = p_1 \cdot p_2 \cdots \cdot p_n + 1$$

만약 N이 소수라면, N은 소수 $p_1, p_2, \cdots, p_n$의 어떤 것보다도 큰 수이므로 우리는 새로운 소수를 찾은 것이다. 그러나 N이 소수가 아니라 하더라도 원하는 결론을 이끌어 낼 수 있다. 왜냐하면, N이 합성수라 하면 앞에서 보인 대로 N은 소인수 p를 갖는데, 이 소인수 p는 N을 p_1으로 나누면 나머지가 1이므로 p_1이 아니고, 마찬가지로 p_2도 아니며, 주어진 다른 어떤

소수도 아니므로 p는 새로운 소수이기 때문이다.

그러므로, 우리는 유한 개의 소수가 주어질 때마다 언제나 주어진 소수와는 다른 소수를 하나 더 찾을 수 있다. 따라서 소수는 무한히 많이 존재한다.

비록 사용한 언어와 현대적인 표현은 유클리드가 쓴 것이 아니지만, 이 두 논증은 유클리드가 한 것이다. 나는 이후에 나오는 증명들에서 형태는 다소 현대적으로 바꾸더라도 유클리드의 논법들을 그대로 따를 것이다. 나는 〈원론〉에서 정오각형의 작도를 이끌어 내는 일련의 정리들을 자명한 것은 제외하고 골랐다. 유클리드가 묘사했던 형태와 방법 그대로를 보기 원하는 독자들은 히스가 잘 번역한 〈원론〉의 영어판을 참고하기 바란다[8].

정오각형의 작도는 물론 그 자체로도 상당히 흥미롭지만, 유클리드는 또한 XIII권에서 정십이면체(합동인 정오각형 12개로 이루어진 입체)를 작도할 때 그것을 사용하려 했다. 더욱이, 오각형의 작도는 4장에서 볼 그리스 삼각표를 계산하는 데 중요한 역할을 한다.

4. 유클리드의 정오각형 작도

유클리드의 정오각형 작도를 알아보기에 앞서, 오늘날 이 문제가 통상적으로 다루어지는 방법을 잠깐 살펴보는 것이 좋을 듯 하다. $72°=\frac{360°}{5}$ 가 정오각형의 한 변에 대한 중심각이므로, 각 72°를 작도하는 데 성공한다면 정오각형의 작도 문제를 해결할 수 있음은 분명하다.

실제로는, 공교롭게도 그림 2.5의 중앙 삼각형 OAB의 매우 좋은 성질 때문에 정십각형의 작도, 즉 각 $36°=\frac{72°}{2}$를 작도하는 문제를 공략하는 것이 보다 쉽다.

그래서, 중심이 O이고 반지름이 r로 주어진 원에 정십각형을 내접시키려 한다. 정십각형의 한 변의 길이를 x라고 할 때, x가 눈금 없는 자와 컴퍼스로 작도될 수 있는 방법으로 x를 반지름 r로 나타낼 것이다. 그림 2.5의 이등변 삼각형 OAB는 십각형의 한 변 x를 밑변 AB, 변 $OA=OB$를 원의 반지름 r, 꼭지각 O를 정십각형의 한 변에 대한 중심각 36°로 한다.

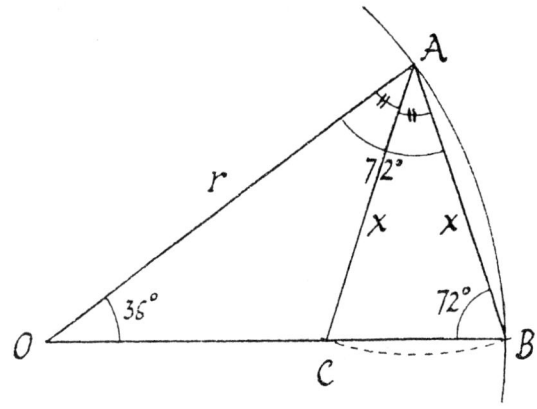

그림 2.5

먼저, 삼각형의 내각의 합은 180°이므로, 서로 같은 두 각 OAB와 OAB는 72°라는 사실을 주목하자. 이제, A를 중심으로 하고 AB를 반지름으로 하여 그려진 호에 따라 $AC = x$ 되는 선분 OB 위의 점 C를 찾자. 그러면 △ABC는 이등변 삼각형이고, 따라서

$$\angle ACB = \angle ABC = 72°$$

이다. 이것은 β가 36°임을 나타내고, 따라서 $\alpha = 72° - 36° = 36°$이다.

△CAO는 각 A와 O가 36°로 같으므로 이등변 삼각형이고, $OC = x$라는 결론을 얻는다. 따라서 $CB = r - x$이다.

이제, 원래의 삼각형 OAB가 △ABC와 닮았다는 사실을 주목하면 다음 식을 얻는다.

(1) $$\frac{r}{x} = \frac{x}{r-x}$$

즉

$$x^2 + rx - r^2 = 0.$$

x에 관한 이 이차방정식을 풀면

$$x = \frac{1}{2}(-r \pm \sqrt{r^2 + 4r^2})$$

이고, x는 음이 아니므로

(2) $$x = \frac{1}{2}r(\sqrt{5} - 1)$$

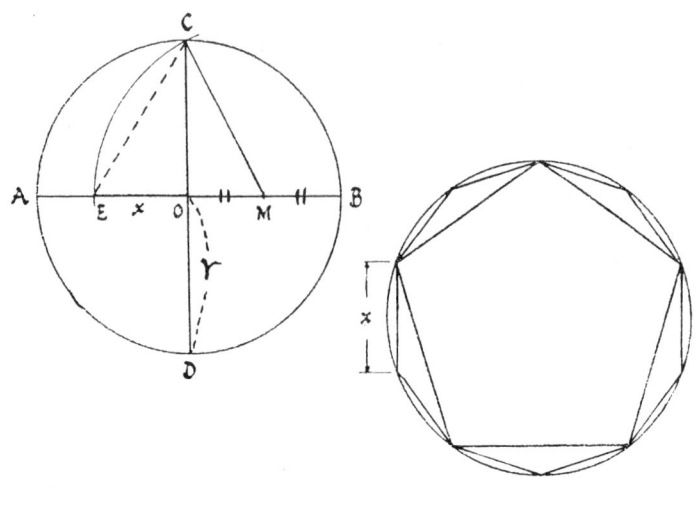

그림 2.6

이다.

    이 계산에 의하여 외접원의 반지름 r로 정십각형의 한 변을 표현하였으며, r가 주어지면 x를 계산할 수 있게 되었다.

    이제, 눈금 없는 자와 컴퍼스로 대수적 식 (2)를 재현하는 x에 대한 작도를 할 것이다. AB와 CD를 중심이 O이고 반지름이 r인 원의 수직인 두 지름이라 하고, 그림 2.6 을 보라. 또한 M을 OB의 중점이라 하자. M을 중심으로 하고 MC를 반지름으로 하는 원을 그려 OA와 만난 점을 E라 하자. OE가 이 원에 내접하는 정십각형의 한 변임을 보일 것이다.

    피타고라스 정리로부터,

$$MC = \sqrt{OM^2 + OC^2} = \sqrt{\left(\frac{1}{2}r\right)^2 + r^2} = \frac{1}{2}r\sqrt{5}$$

따라서,

$$OE = ME - MO = MC - MO = \frac{1}{2}r(\sqrt{5} - 1)$$

이것은 식 (2)와 같은 결과이다.

그러므로, 반지름 r인 원을 OE와 크기가 같은 현으로 나누면 열 개로 나누어질 것이고, 정오각형은 하나 건너 한 점을 꼭지점으로 잡으면 쉽게 그릴 수 있다.

● 문 제

2.1 그림 2.6의 EC는 반지름 OA인 원에 내접하는 정오각형의 한 변임을 보여라. (이것은 원론의 XIII권에 있는 명제 10과 동치인데, 그 내용은 주어진 원에 내접하는 정오각형, 정육각형, 정십각형의 변들은 직각삼각형을 이룬다는 것이다.)

이제 삼각형의 내각의 합이 180°라는 것을 입증하는 것과 같은 매우 기초적인 기하학 정리 외에 우리가 사용했던 수학적 도구가 어떤 종류였나를 알아보기 위하여 이 증명을 잠시 재검토해 보자. 우리는 식 (1)을 얻기 위하여 닮음에 다음 주요 정리를 이용했음을 볼 수 있다. **두 삼각형의 대응하는 각이 같다면 대응하는 변은 비례한다.** 또, 식 (1)에서 식 (2)를 얻기 위하여 이차 방정식의 근의 공식을 이용했다. 그리고 그 작도를 입증하기 위하여 피타고라스 정리를 이용해야 했었다는 사실도 덧붙일 수 있다.

우리는 다시 동일한 이 문제에 대한 유클리드의 해법으로 돌아갈 때, 그가 이용했던 방법에 대하여 특별한 관심을 기울일 것이다. 어떤 사람은 증명에 포함되는 것들에 대해 너무 크게 떠드는 것을 이상하게 생각할지도 모르나, 결국 증명에서 중요한 것은 그것이 유효하고 바라는 결과를 이끌어 내는가 하는 사실이라고 말할 수도 있다. 물론 이러한 태도에 반대하기는 어렵다. 왜냐하면, 이제 우리는 원칙 없는 입맛의 세계로 들어가고 있기 때문이다. 머지않아 당신은 수학자들이 아름다운 증명과 추한 증명, 세련된 증명과 서투른 증명에 관하여 말하는 것을 듣게 될 것이며, 심미적인 기쁨은 수학자들이 자기 연구로부터 끌어내는 적지 않은 만족이다.

물론 수학적 아름다움과 우아함을 구성하는 것에 대하여 의견을 같이하는 것은 불가능하지만, 일반적인 요소를 몇 가지 소개하자면 간결함, 방법의 최소성, 놀랄 만한 극적인 전환, 명쾌함, 구식 기교의 새로운 응용, 다른 상황으로 일반화하는 방법 등을 들 수 있다. 좋은 정리를 가능한 한 가장 약한 방법으로 증명하는 것은 차라리 오래 되어 소중히 여기는 명주실로 커다란 송어를 끌어올리는 것과 같다. 이것은 속도나 간결함에는 기여함이 없으나, 부정할 수 없는 매력을 지니고 있다. 유클리드가 항상 신속함에 빠졌었던 것은 아니고 차라리 자기가 가질 수 있는 최소한의 것으로 될 수 있는 한 최대의 성과를 얻으려 했다.

정오각형의 작도를 가능하게 해 주는 일련의 유클리드 정리들 중 첫번째 것이며, 최소한의 방법으로 문제를 해결하게 하는 단서를 제공한 것은 다음과 같다.

정리 1 (I, 35)　밑변이 같고 두 개의 같은 평행선 사이에 있는 평행사변형들은 (넓이가) 같다.

공통 밑변 BC와 두 평행선 l_1과 l_2 사이의 두 평행사변형을 $ABCD$와 $EBCF$라 하자(그림 2.7a). 유클리드는 먼저 두 삼각형 ABE와 DCF가 합동임을 보였다. 그러고나서 다음과 같은 사실에 따라 바라는 결과를 얻었다.

$$ABCD = BCG + ABE - DGE$$

인데,

$$EBCF = BCG + DCF - DGE$$

우변의 가운데 항은 같으므로 두 평행사변형은 같다.
나는 유클리드가 왜 다음과 같이 하지 않고, 이렇게 했는지 도저히 이해할 수 없다.
만약 전체 그림 $ABCF$에서 삼각형 DCF를 빼면 평행사변형 $ABCD$가 남고, 같은 그림에서 삼각형 ABE를 빼면 평행사변형 $EBCF$가 남는다. 그런데 이 두 경우 모두 같은 양을 뺐으

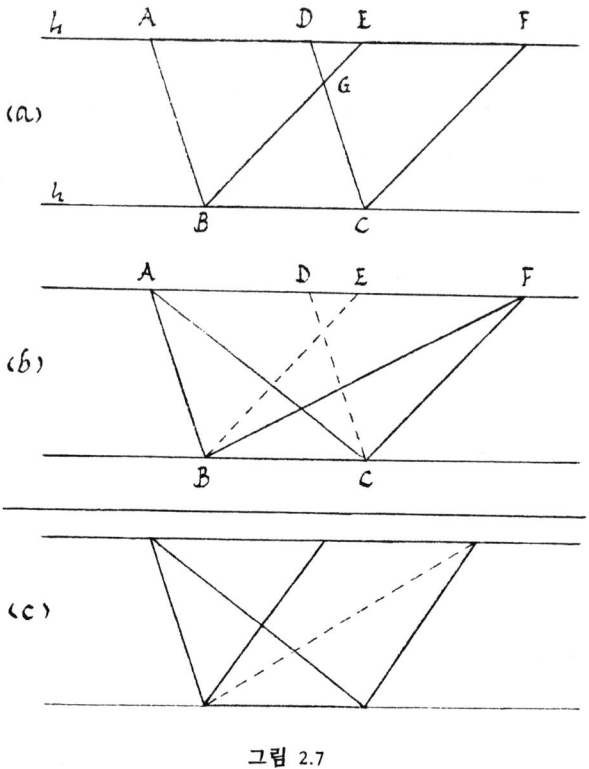

그림 2.7

므로 두 평행사변형은 같다.

이 증명은 유클리드의 증명보다 짧을 뿐만 아니라 일반적이기까지 하다. 왜냐하면, 여기서는 유클리드가 전제했던 직선 BE와 DC가 평행선 l_1과 l_2 사이에서 만난다는 것을 전제하지 않았기 때문이다. 나는 본문이 와전되었고, 실제는 두 번째 증명이 유클리드가 한 것이기를 바라지 않을 수 없다.

정리 2 (I, 37)　　같은 밑변을 갖고 같은 평행선 사이에 있는 삼각형들은 같다.

이 정리는 정리 1로부터 바로 나온다. 그 삼각형을 ABC와 FBC(그림 2.7b)라 하자. 삼각형 ABC는 평행사변형 $ABCD$의 반이고 삼각형 FBC는 평행사변형 $EBCF$의 반이다. 그런데 두 평행사변형이 같으므로 삼각형도 같다.

비슷하고 같은 정도의 간단한 논법으로 다음이 증명된다.

정리 3 (I, 41)　　만약 임의의 평행사변형과 임의의 삼각형이 같은 밑변을 갖고 같은 평행선 사이에 있다면 평행사변형은 삼각형의 두 배이다(그림 2.7c).

정리 4 (I, 43)　　임의의 평행사변형에서 대각선에 대한 평행사변형의 나머지(complements)는 같다.

대각선에 대한 평행사변형은 각각 두 개의 삼각형 I과 II로 이루어져 있고, 그것들의 나머지는 빗금친 평행사변형이다(그림 2.8을 보라). 큰 평행사변형의 반으로부터 삼각형 I과 삼각형 II를 빼내면 빗금친 부분이 남기 때문에 나머지는 같다.

정리 1은 어떤 평행사변형을 넓이가 같고 밑변이 같지만 각이 다른 평행사변형으로 변환시킬 수 있게 해 주는 반면, 정리 4는 넓이가 같고 각이 같지만 변의 길이가 다른 평행사변형으로 변환시킬 수 있다는 것을 보장해 주는데, 예를 들면 그림 2.8의 평행사변형 $ABCD$와 $A'B'CD'$이 그렇다.

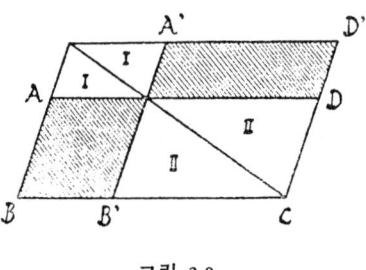

그림 2.8

예제: a, b, c가 주어진 선분일 때, 다음 방정식을 작도로 풀어라.

$$x \cdot a = b \cdot c$$

풀이는 그림 2.9로 알 수 있다. 왜냐하면 직사각형의 대각선에 대한 나머지들이 각각 $x \cdot a$와 $b \cdot c$인데, 정리 4에 따라 이것은 같기 때문이다. (주어진 크기 a, b, c를 가지고 작도를 직접해 보는 모든 과정을 확인하는 것은 독자들에게 맡긴다.)

우리는 보통 이 방정식을

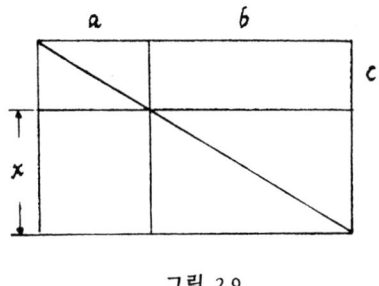

그림 2.9

$$\frac{a}{b} = \frac{c}{x}$$

로 바꾸고 나서 a, b, c에 대한 네 번째 비로써 x를 구하여 푼다. 그러나 이 과정이 정리 4에 따르면 피할 수 있는 개념인 비를 포함하고 있음을 알 수 있다. 정리 4는 또한 방정식의 기하학적 풀이를 가능하게 해 주었는데, 그리스의 기하학적 대수의 첫번째 예가 바로 이것이다. 이 문제와 풀이는 원론의 I권 명제 44의 특별한 경우이다.

정리 5 (I, 47 피타고라스 정리)   직각 삼각형에서 직각에 대응하는 변(즉 빗변[6])의 제곱은 나머지 두 변의 제곱의 합과 같다.

유클리드의 증명은 다음과 같다. 직각삼각형 ABC($\angle C = 90°$)의 세 변 위에 각각 정사각형을 그린다(그림 2.10을 보라). C로부터의 높이 CH를 그리고 F까지 연장하자. 또 선분 DB와 CE를 그리자.

먼저 삼각형 DAB가 삼각형 CAE와 합동임을 주목하라. 이것을 확인하려면 둘 중 하나를 A를 기준으로 90° 회전시키면 겹쳐질 것이라는 사실을 주목하면 된다.

AC를 한 변으로 하는 정사각형은 삼각형 DAB의 두 배이다. 왜냐하면 이것들은 같은 밑변(AD)과 평행선 사이에 놓여 있기 때문이다(정리 3). 마찬가지로 직사각형 $AEFH$는 삼각형

---
[6] 빗변(Hypotenuse)은 대변이란 뜻의 그리스어 hypotenouses에서 따온 것이다.

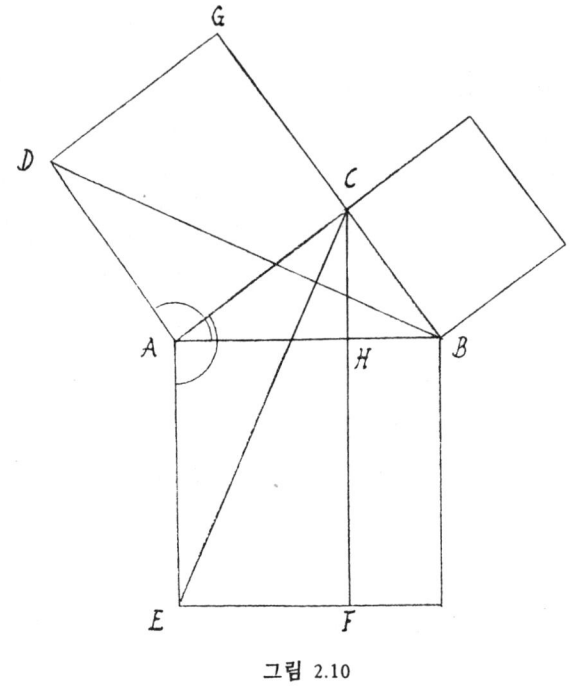

그림 2.10

CAE의 두 배이다. 두 삼각형이 합동이므로 AC를 한 변으로 하는 정사각형과 직사각형 $AEFH$는 같다.

같은 방법으로 BC에 대한 정사각형은 HB 아래의 직사각형과 같다. 그래서 AC와 BC에 대한 정사각형의 합은 두 직사각형의 합과 같다. 그런데 그것은 AB에 대한 정사각형과 같다.

이것은 아주 훌륭한 증명이다(쇼펜하우어(Schopenhauer)의 어리석은 의견7에도 불구하고). 먼저, 이전의 증명에서와 같이 닮음의 개념을 피했음을 유의하자. 그 다음 유클리드는 피타고라스 정리에 덧붙여 **직각 삼각형에서 한 변의 제곱은 그 변의 빗변 위로의 정사영과 빗변의 곱과 같다는** 것을 증명했음에 유의하자. 우리가 비율을 이용하기만 하면 이것은 임의의 직각 삼각형의 한 변은 그 변의 빗변 위로의 정사영과 빗변 사이에 비례중항이다라는 것과 동치임을 알 수 있다.

이제 II권으로부터 두 개의 정리를 소개한다. 이 책의 내용은 현재 기하학적 대수라고 하는 것에 관한 것이다. 이것은 다음 정리를 공부하면 명확하게 무엇을 의미하는지 알 수 있다. 나는 다음 정리 한 가지만이라도 외경심을 일게 하는 원본의 단어를 (히스가) 정확하게 번역한 것을 인용할 것이다.

정리 6 (II, 6) 한 선분이 이등분되고 또 어떤 점까지 연장될 때, 그렇게 연장될 전 선분과 연장된 부분을 두 변으로 하는 직사각형과 등분된 한 선분을 한 변으로 하는 정사각형의 합은 등분된 한 선분과 연장된 부분으로 만들어진 선분을 한 변으로 하는 정사각형과 같다.

그림 2.11을 생각하면, 이 정리는 어두운 부분이 같음을 보인 것이다. 주어진 직선을 AB라 하고 D에서 이등분된다고 하

---

7 쇼펜하우어는 이것은 "쥐덫 증명" 그리고 또한 "des Eukleides steizbeiniger, ja, hinterlistiger Beweis"라고 했다. 간단하게 번역하면 "유클리드의 부자연스러움, 딱딱함, 사실 교활하고 엉큼한 증명"을 의미한다.

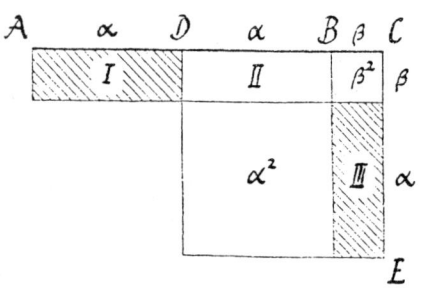

그림 2.11

자. 연장된 부분을 BC라 하자. 이 정리는 이제 AC와 BC를 변으로 하는 직사각형, 즉 AC·BC와 DB(또는 AD)를 변으로 하는 정사각형의 합은 DC를 변으로 하는 정사각형과 같음을 말한다. 또는 그리스 문자 소문자로 표현하면

(1) $$(2\alpha + \beta) \cdot \beta + \alpha^2 = (\alpha + \beta)^2$$

이다.

이 증명은 그림 2.11을 이용하면 간단하다. 긴 직사각형과 정사각형으로 되어 있는 식 (1)의 왼쪽은

$$(\text{I} + \text{II} + \beta^2) + \alpha^2$$

이고 오른쪽은

$$\text{II} + \text{III} + \beta^2 + \alpha^2$$

이다. 한편 I과 II(빗금친 부분)는 같고, 따라서 식 (1)의 양변도 같다. 그런데, 유클리드는 I = II임을 증명하기 위하여 II와

Ⅲ은 DC를 한 변으로 하는 정사각형의 대각선에 대한 나머지 이므로 같다(정리 4에 의하여)는 것과, Ⅰ과 Ⅱ는 합동이므로 Ⅰ=Ⅱ 이라는 것을 이용했다.

앞에서, 우리는 정리 6의 기하학적 언어를 식 (1)의 현대적 표현법으로 바꾼 적이 있는데, 이것은 기하학의 정리라기보다는 서투른 기하학적 포장을 한 (하나의 중요한) 대수적 항등식이라는 것을 분명히 짚고 넘어가야 한다. 그러나, 위에서 본 것처럼 이 정도로 설명하는 그럴 만한 이유가 있었다. 우리는 정리 6이 얼마나 자주 사용되는지 알게 될 때, 그것의 중요성을 인정할 것이다.

이 정리는 아마도 다음과 같이 생각하면 보다 기억하기 쉬울 것이다.

$$DC = a, \ AD = DB = b$$

라고 놓으면

$$AC = a+b, \ BC = a-b$$

이고, 따라서

$$(a+b)(a-b) + b^2 = a^2$$

을 얻는데, 약간 변형하면 우리가 잘 알고 있는 다음 항등식이 된다.

$$(a+b)(a-b) = a^2 - b^2.$$

정리 7 (Ⅱ, 11) 주어진 선분을 나누어, 전 선분과 나머지 한 부분을 변으로 하는 직사각형이 나누어진 다른 한 부분을 한 변으로 하는 정사각형과 같게 할 수 있다.

그림 2.12에서 보듯이 주어진 선분을 AB라고 하자. 이 문제는

$$AB \cdot HB = AH^2$$

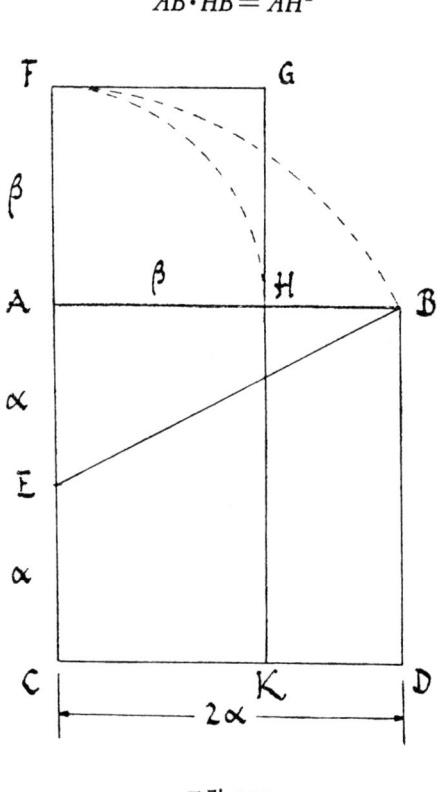

그림 2.12

을 만족하는 점 H를 찾는 것이다.

이 문제의 풀이는 다음과 같다. 한 변이 AB인 정사각형 $ABDC$를 그리고 AC를 이등분하는 점 E를 잡자. AC를 A쪽으로 연장시키고, EB를 반지름으로 하고 E를 중심으로 하는 원을 그려 AC의 연장선과 만나는 점을 F라 하자. AB 위에 AF와 AH가 같게 되는 점 H를 표시한다.

이제 H가 구하는 점이라는 것을 증명하자. 이것을 증명하기 위하여 정사각형 $AFGH$를 그리고, GH를 K까지 연장하자. E에서 이등분된 AC와 연장선 AF에 정리 6을 적용하여 논증을 시작하자. 정리 6에 따라 이것은

$$FC \cdot FG + AE^2 = EF^2$$

또는

$$(2\alpha + \beta) \cdot \beta + \alpha^2 = (\alpha + \beta)^2$$

임을 알 수 있다.

$$EF = EB$$

임을 상기하고, 정리 5(피타고라스 정리)를 이용하면

$$FC \cdot FG + AE^2 = EB^2 = AE^2 + AB^2$$

또는

$$(2\alpha + \beta) \cdot \beta + \alpha^2 = \alpha^2 + (2\alpha)^2$$

을 얻는다. 양변에서 AE^2을 빼면

$$FC \cdot FG = AB^2$$

또는

$$(2\alpha + \beta) \cdot \beta = (2\alpha)^2$$

을 얻고, 기하학적으로는 FC와 FG를 변으로 하는 긴 직사각형이 AB를 한 변으로 하는 정사각형과 같다는 것을 얻는다. 유클리드는 같은 두 도형에서 이것들의 공통부분인 AC와 AH를 변으로 하는 직사각형을 빼서, 한 쪽에는 한 변이 AH인 정사각형을, 다른 쪽에는 HB와 BD를 두 변으로 하는 직사각형을 남겼는데, 그것들은 같을 수밖에 없다. 그래서

$$AH^2 = HB \cdot BD$$

이다. 그런데, $BD = AB$ 이므로

$$AH^2 = HB \cdot AB$$

또는

$$\beta^2 = (2\alpha - \beta) \cdot 2\alpha$$

이다. 따라서, 증명되었다.

만약 $AB = a$, 즉 $2\alpha = a$ 라면 β는 이차 방정식

$$x^2 = (a - x) \cdot a$$

또는

$$x^2 + ax - a^2 = 0$$

의 해라는 것을 알 수 있다.

우리는 이 방정식과 해 모두를 이 절의 제목인 정오각형 작도에 대한 현대적 풀이로부터 알고 있다(86쪽을 보라).

따라서, 유클리드가 실제로 이 정리에서 이차 방정식을 바빌로니아인들과는 전혀 다른 방법으로 풀었다는 것을 알 수 있다. 그런데, 해

$$x = \frac{1}{2}a(\sqrt{5} - 1)$$

은 알다시피 무리수를 포함하고 있으므로, 무리수를 알지 못하던 때는 기하학적 방법이 필수적이었다.

정리 7은 다양한 형태의 일반적인 이차 방정식이 정리 4, 6과 같은 방법으로 풀리는 정리들 ——특히 VI권에 있는—— 중 특별한 경우이다. 어떤 사람들은 바빌로니아 형태로 잘 알려진 방정식을 인정하지만 기하학적 해법은 비록 음수해는 제외한다 할지라도 무리수 해도 구할 수 있다.

비율이 도입된 후에 정리 7은 **비례중항과 외항의 비**(mean and extreme ratio)로 주어진 선분을 나누는 문제와 관련하여 VI권 명제 30으로 다시 나타난다. 이것은 어떤 선분 a를 나누는데, 그 한 부분 x가 a와 나머지 부분 $a-x$의 비례중항이 되도록 나누는 것을 의미한다. 즉,

$$\frac{a}{x} = \frac{x}{a-x}$$

또는

$$x^2 = a(a-x)$$

이고, 이것은 우리의 방정식과 똑같다. 그러므로 그림 2.12에서 점 H는 AB를 비례중항과 외항의 비로 나눈다. 이 절단을 **황금분할**(golden section)이라고 하는데, 이것은 비교적 최근에 붙여진 이름이며, 과거에는 간단히 그 분할이라 불렀다. 이 분할은 특히 조화가 잘 이루어져 있고, 눈으로 보기에 편하다고 생각해 왔다.

이제 III권에 있는 원에 대한 기하학과 관련된 세 가지 정리를 알아보자.

정리 8 (III, 36) 한 원 밖의 점 P에서 원 위의 점 T에 접선을 긋고, 또 R와 S에서 원과 만나는 임의의 직선을 그으면 항상 다음이 성립한다.

$$PR \cdot PS = PT^2.$$

이 정리는 주어진 원과 주어진 점 P에 대하여 곱 $PR \cdot PS$는 상수이고 PT^2과 같다는 것을 말하는데, 이 값을 종종 그 원에 대한 그 점의 **거듭제곱**(power)이라고 한다.

유클리드는 이 정리의 증명에서 모든 가능성을 고려하여 다음 두 경우를 생각했다.

   1. P로부터 그은 직선이 중심 C를 지나는 경우
   2. P로부터 그은 직선이 C를 지나지 않는 경우.

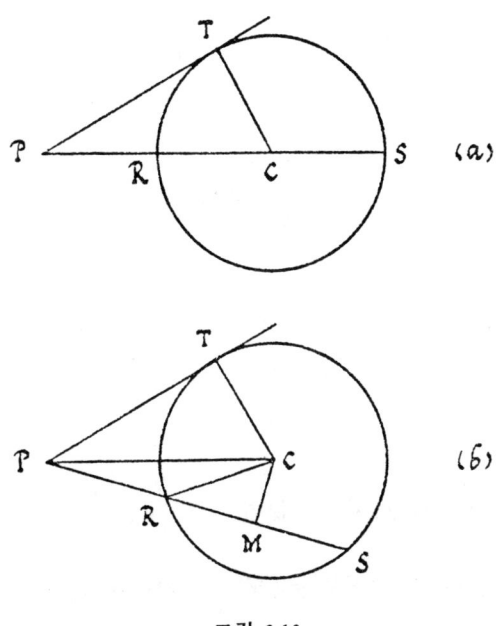

그림 2.13

경우 1은 그림 2.13a에 있다. RS가 C에서 이등분된다고 하고, PR를 연장된 부분으로 하면 정리 6에 의하여

$$PR \cdot PS + RC^2 = PC^2$$

그런데, RC와 TC가 모두 원의 반지름이므로

$$RC^2 = TC^2$$

이고, 이것을 앞의 식에서 빼면 다음을 얻는다.

$$PR \cdot PS = PC^2 - TC^2$$

한편, 피타고라스 정리에 의하여

$$PC^2 - TC^2 = PT^2$$

이므로 우리가 바라는 결과인

$$PR \cdot PS = PT^2$$

을 얻는다.

경우 2는 그림 2.13b와 같이 생각하자. M은 RS의 중점이고 CM은 RS에 수직이다. 정리 6을 다시 한 번 적용하면

$$PR \cdot PS + RM^2 = PM^2$$

을 얻는다. 양변에 CM^2을 더하면

$$PR \cdot PS + (RM^2 + CM^2) = (PM^2 + CM^2)$$

을 얻고, 괄호 안의 값들에 피타고라스 정리를 적용하면

$$PR \cdot PS + RC^2 = PC^2$$

이 되는데, 이것은 첫번째 경우의 처음과 같다. 그래서

$$RC^2 = TC^2$$

을 빼면 바라는 결과인

$$PR \cdot PS = PC^2 - TC^2 = PT^2$$

을 얻는다.

그러나, 우리는 정리 8의 역을 더 많이 이용할 것인데, 이제 이것을 설명하고 증명하자.

정리 9 (Ⅲ, 37)　　한 원 밖의 점 A로부터 두 직선이 그어져 있는데, 한 직선은 원과 B, F에서 만나고, 다른 한 직선은 원과 D에서 만나며,

$$AB \cdot AF = AD^2$$

을 만족한다고 하면 AD는 점 D에서 원과 접한다.

이 증명은 매우 간단하다. A로부터 점 T에서 원에 접하는 직선 AT를 긋자(그림 2.14를 보라). 정리 8로부터

$$AB \cdot AF = AT^2$$

임을 알 수 있다. 그런데, 이것은

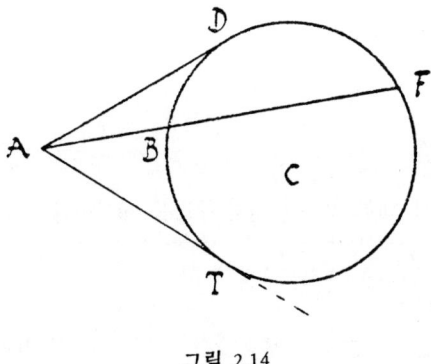

그림 2.14

$$AD = AT$$

임을 의미한다. 원의 중심을 지나는 직선 AC에 대하여 AT와 AD가 대칭이라는 사실로부터 D가 접점임을 바로 알 수 있다.

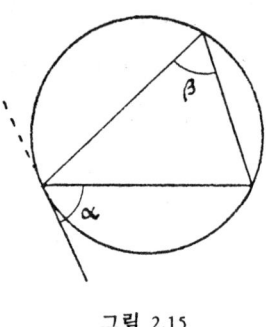

그림 2.15

그림 2.15는 독자들에게 다음 정리를 상기시키기 위하여 주어진 것이다.

정리 10 (Ⅲ, 32)　원의 한 현과 접선 사이의 각 α는 그 현에 따라 결정되며, α의 반대쪽에 있는 호 안에 포함된 각 β와 같다.

──● 문 제
2.2　이 정리에 대한 자세한 식과 증명을 제시하라.

이제, 우리는 드디어 정오각형의 작도를 이끌어 낼 준비를 하였다.

정리 11 (IV, 10)   밑각이 꼭지각의 두 배가 되는 이등변 삼각형을 작도할 수 있다.

이러한 삼각형이 우리의 문제를 해결해 줄 것이다. 왜냐하면, 그 각의 크기는 36°, 72°, 72°임이 분명한데, 72°는 360°의 $\frac{1}{5}$이기 때문이다.

선분 AB가 주어졌다고 하자(그림 2.16). 먼저 정리 7에 따라, 다음을 만족하는 점 C를 AB 위에 작도할 수 있다.

(1) $$AB \cdot CD = AC^2$$

A를 중심으로 하고 반지름이 AB인 원을 작도하고,

$$BD = AC$$

를 만족하게 현 BD를 그리자. 또 선분 AD와 CD를 그리자. 삼각형 ABD는 이등변 삼각형이고, 따라서 다음이 성립한다.

(2) $$\beta = \gamma + \delta.$$

다음 작업은 삼각형 ABD가 바라는 성질, 즉

$$\beta = \gamma + \delta = 2\alpha$$

를 만족하는 것을 보이는 것이다.

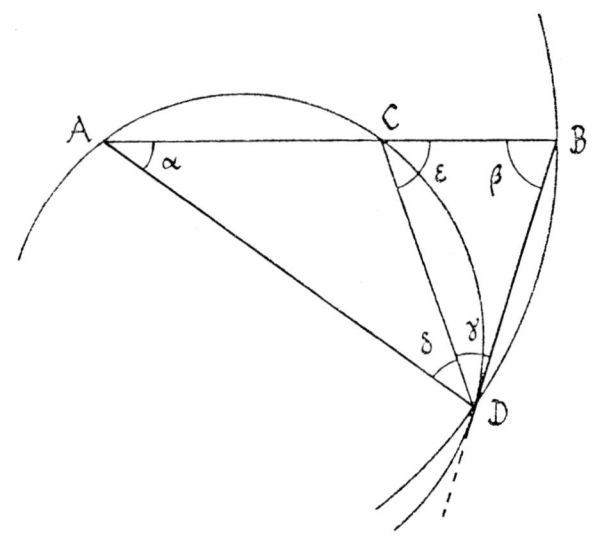

그림 2.16

그러기 위하여, 먼저 삼각형 ACD의 외접원을 작도하자. 이 원을 작은 원이라 부를 것이다. 식 (1)에서 AC 대신에 BD를 대입하면

$$CB \cdot AB = BD^2$$

을 얻는다. 그런데 이것은 정리 9에 의하여 BD가 D에서 접하는 작은 원의 접선임을 의미한다. 따라서, 정리 10에 의하여

$$\alpha = \gamma$$

이다. 이제

$$a = \delta$$

임을 보이면 증명은 완성된다.

$$a = \gamma$$

이므로 다음을 얻는다.

(3) $$a + \delta = \gamma + \delta$$

그런데 ε이 삼각형 ACD의 각 C의 보각이므로, 이것은 나머지 두 각의 합과 같다(이 합에 C를 더하면 180°가 되기 때문이다). 즉,

$$\varepsilon = a + \delta$$

또한 (3)에 의하여

$$\varepsilon = \gamma + \delta$$

이고, (2)에 의하여 다음이 성립한다.

$$\varepsilon = \beta.$$

그런데 이것은 삼각형 CDB가 이등변 삼각형임을 의미하고, 따라서 CD는 AC와 같게 작도된 BD와 같다. 그래서 $CD = CA$ 또는 삼각형 ACD가 이등변 삼각형임을 얻는다. 그러므로

$$a = \delta$$

이고, 증명이 끝난다. 우리는 이미

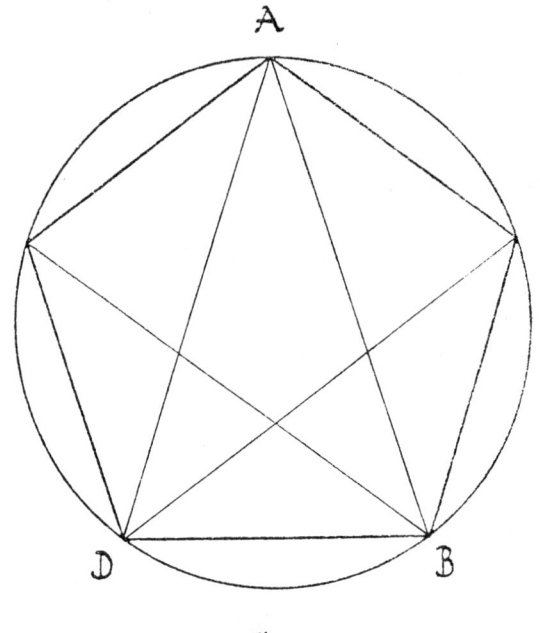

그림 2.17

$$\alpha = \gamma$$

임을 보였고, 따라서 이등변 삼각형 ABD의 밑변 BD에 있는 각은 각 A의 두 배가 되기 때문이다. 그러므로 각 A는 36°이고, 이제 정오각형의 작도는 유클리드가 Ⅳ, 11에서 한 단순한 작업이 되고 만다. 여기서는 그림만을 제시한다(그림 2.17).

　유클리드는 마지막으로 Ⅳ, 16에서 정십오각형을 작도했다 (그림 2.18을 보라). 이 작도가 유효함을 확인하려면 다음만 살펴보면 된다.

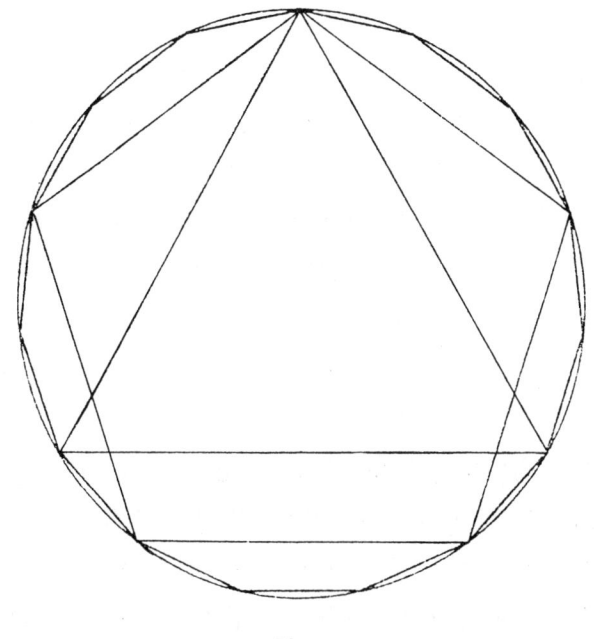

그림 2.18

$$\frac{2}{5}\cdot 360° - \frac{1}{3}\cdot 360° = \frac{1}{15}\cdot 360°.$$

유클리드 수학의 이 예를 전반적으로 음미해 보자. 그것이 목적뿐만 아니라 방법에서도 바빌로니아 수학과는 다르다는 것은 분명하다. 그러나 우리는 이 구조 속에서 바빌로니아적인 여러 가지 요소를 찾을 수 있는데, 그 중에는 피타고라스 정리와 이차 방정식 등이 있다.

유클리드는 표준형 문제의 자명한 변형을 푸는 훈련 방법에는 흥미가 없었다. 그는 정오각형 작도와 같은 힘든 문제를 풀 수 있게 해 주기에 충분한 일반적인 정리들을 만들어 내고 싶어했고, 주어진 정리를 그의 공리에 연결하는 일련의 결과들의 체인구조에 큰 관심이 있었다. 우리는 특히 그가 이 체인에 가능한 한 적은 개념을 포함시키고자 했었다는 것을 알 수 있다. 그는 비슷한 논증의 사용을 고의적으로 피했기 때문이다. $a \cdot d = b \cdot c$를 얻기 위하여 선분 사이의 비 $\frac{a}{b} = \frac{c}{d}$를 만드는 것이 당연하다고 여긴 반면에, 유클리드의 방법은 두 번째 식을 직접적으로 이끌어 내는 것이다. 이것은 다각형의 넓이에 대한 그의 강력한 정리 때문에 가능했다.

그가 상당한 정도까지 비의 사용을 피할 수 있었다는 사실은 닮은 삼각형에 대한 다음 관찰에서 알 수 있다.

두 개의 임의의 닮은 삼각형 OAB와 OCD가 그림 2.19에 주어졌다고 하자. BD는 A와 C가 같은 각이라는 조건에서 찾을 수 있으므로, 사변형 $ABCD$는 원에 내접한다. 만약 원의 내부에 있는 한 점 —여기서는 O— 의 거듭제곱에 관한 정리 (유클리드 Ⅲ, 35)를 이용하면 즉각 $a \cdot d = b \cdot c$를 얻는다.

나는 유클리드가 비의 이론을 도입할 때까지, 이런 일반적인 정리는 증명하지 않았음을 강조하지 않을 수 없다.

더욱이, 그가 기하학적 형태에서 바로 만들어지는 방정식을 풀었다는 것을 보았는데, 무리수를 포함하고 있고, 우리가 중간과정으로 이용했던 해

$$x = \frac{1}{2}r(\sqrt{5} - 1)$$

을 표현하는 방법이 없었기 때문에 이렇게 할 수밖에 없었다.

그러나, 무엇보다도 이것이 진짜 수학임을 인정해야 한다. 그것은 그것이 출현한 시대와 상관 없이 즐길 수 있고, 아직까지도 수학의 살아 있는 유기체의 일부분이기 때문이다. 이런 지적인 구조에서 창조하고 기뻐하는 능력은 사람이 동물과는 다른 능력이다.

● 문 제

2.3 비를 이용하지 않고, 원의 내부의 점의 거듭제곱에 대한 정리를 증명하라.

힌트 : 이 증명은 정리 8의 증명과 유사하다.

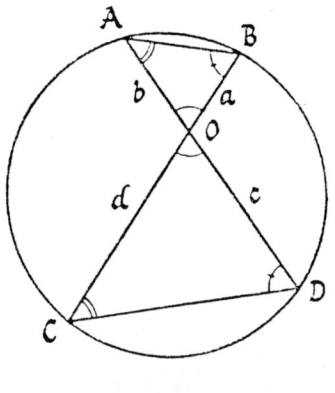

그림 2.19

3 수학에서의 아르키메데스의 3대업적

1. 아르키메데스의 생애

문제의 무게와 그 방법의 우아함에서, 아르키메데스의 업적을 능가하는 어떠한 고전적인 수학논문도 존재하지 않는다. 이는 고대부터 이미 인정되어 왔으며 아르키메데스의 업적에 대해 플루타르크(Plutarch)는 다음과 같이 말한 바 있다.

> 모든 기하학에서 그처럼 난해하고 복잡한 문제, 또 그처럼 간단하고 명료한 설명을 찾아 내기란 그리 쉬운 일이 아니다. 어떤 이들은 이것을 그의 재능에 기인한다고 하고, 또 어떤 이들은 이렇게 쉽고 자연스러운 결과들은 어느 모로 보나 그의 엄청난 노력과 수고의 대가라고 얘기한다.

1세기의 후반부에 살았던 플루타르크는 저서 〈고결한 그리스인과 로마인의 삶〉(Lives of the Noble Grecians and Romans)에서 이처럼 쓰고 있고, 특히 마르켈루스(Marcellus)의 생애에 대한 기록에서 아르키메데스의 업적을 더욱 확실하게 기술하고 있다. 마르켈루스는 제2차 포에니 전쟁(기원전 218-201년) 기간 동안 그리스의 식민지인 시실리 섬의 시라쿠사를 공격하여 결국 포위하고 점령하였던 로마군의 장군이었다. 아르키메데스가 만든 훌륭한 병기들은 시라쿠사의 방어에 중요한 역할을 하였고, 이러한 이유 때문에 플루타르크는 상당한 분량을 할애하여 그에 대하여 기록하고 있다.

아르키메데스는 저서마다 심혈을 기울인 서언(序言)을 썼는데, 거기에서 종종 자신이 풀고자 하는 문제에 대한 약간의 배경을 제시하였다. 이러한 서언들은 수학사가(數學史家)들에게 귀중한 자료가 되고 있으며, 또한 아르키메데스의 생애를 알아내는 데 중요한 단서를 제공하기도 한다. 더욱이 고대문헌의 여기저기서 그에 대한 이야기를 발견할 수 있어서, 그는 그리스 수학자 중 생애와 업적이 가장 많이 알려진 인물이 되었다. 아르키메데스는 로마군이 시라쿠사를 점령하여 약탈을 일삼던 때인 기원전 212년에 살해되었다.

그는 죽었을 때의 나이가 74세로 전해지고 있으므로 기원전 287년경에 출생하였다고 볼 수 있다. 그의 저서 〈모래계산가〉(The Sandreckoner)의 서언에서는, 그가 언급하지 않았더라면 전혀 알려지지 않았을, 천문학자인 부친 페이디아스(Pheidias)에 대해 기술하고 있다. 아르키메데스는 그 당시 학문의 중심지였던 알렉산드리아에서 공부하였고, 그의 서언에서 알 수 있듯이 분명히 알렉산드리아의 여러 수학자들과 교분을 나누었던 것처럼 보인다. 그렇지만 그는 생애의 대부분을 시라쿠사에서 보냈는데, 거기서 왕가(王家)와 가깝게 지냈다고 전해지며, 어떤 이들은 그가 왕족의 가문이었을 것이라고 말하기까지 한다.

그는 순수수학과 천문학에서부터 역학과 공학에 이르기까지 두루 관심사를 추구하면서 생애를 보냈다. 그가 대단한 대중적 관심을 불러일으킨 것은 지극히 실용적인 업적들 때문이었다. 우리가 그에 관한 이야기들을 신뢰한다면 약간의 극적(劇的)인 요소가 첨가되었다 하더라도 별 문제가 되지는 않을 것이다. 아무튼 플루타르크는 다음과 같이 쓰고 있다.

아르키메데스는 친구이면서 아주 가깝게 지냈던 히에론 왕(King Hiero)에게 쓴 한 편지에서 약간의 힘만 있다면 아무리 무거운 물체라도 움직이게 할 수 있고 공중에 띄울 수도 있다고 얘기하면서, 또 다른 지구가 있다면 그 곳에 가서 지구도 움직일 수 있다고 큰소리 쳤다. 히에론 왕은 이 말에 깜짝 놀라서, 그로 하여금 실제 실험을 통하여 이 문제를 입증해 보이고, 커다란 물체를 조그마한 도구를 이용하여 움직여 보라고 청했는데, 그는 정말로 아주 큰 힘과 수많은 사람의 도움 없이는 선착장 밖으로 끌어낼 수 없었던 왕의 화물선을 실험대상으로 선정하였다. 화물선에 승객과 화물을 가득 실은 다음, 멀리 떨어져 앉아서 손으로 도르래의 머리부분을 잡고 적당한 각을 유지하면서 별로 힘들이지 않고 밧줄을 당김으로써 마치 배가 바다에 떠 있는 것처럼 흔들림 없이 부드럽게 화물선을 똑바로 끌어당겼다.

여기서 언급된 합성도르래는 아르키메데스의 발명품 중 하나이다. 플루타르크의 이 글로부터 파푸스(Pappus)가 아르키메데스의 말이라고 주장한 다음과 같은 유명한 글귀를 유추할 수 있다. "나에게 서 있을 자리를 다오. 그러면 지구를 움직여 보일 것이다." 앞으로 보게 되겠지만, 이 발명은 역학에 대한 그의 이론적 연구와 잘 맞아떨어진다.

위의 도르래 실험에 깊은 감명을 받은 히에론 왕은 마침내 그에게 공격과 방어용 병기를 만들어 달라고 요청하였다고 플루타르크는 쓰고 있다. 그리하여 많은 무기들이 만들어지고, 이것들은 마르켈루스 휘하의 로마군에 대항하여 시라쿠사를 방어하는데 히에론 왕의 후계자와 그의 손자 히에로니무스(Hieronymus)에 의하여 매우 유용하게 사용되었다. 플루타르크는 근거리와 원거리뿐만 아니라 바다와 육지 양쪽에서 모두 사용할 수 있는 이런 장치들의 놀라운 성능에 대하여 다음과 같이 극적으로 표현하였다. 로마군은 너무나 놀란 나머지 "벽에 붙어 있는 조그마한 밧줄이나 나무조각을 보기만 해도 곧바로 소리를 지르면서 아르키메데스가 그들을 향해 또 무엇을 날리려 하고 있다고 외치며 뒤돌아 도망쳤다." 마르켈루스는 그 도시를 오랜 기간 동안 포위하였고 결국 시라쿠사는 항복하고 말았다. 마르켈루스는 병사들에게 절대로 약탈하지 말라고 명령하였으나 얼마

후 자신이 좀더 주의 깊었어야 했다는 것을 깨닫고는 무척 슬퍼했다.

아무튼 아르키메데스의 죽음만큼이나 마르켈루스를 괴롭혔던 것도 없었다. 죽임을 당할 당시에 아르키메데스는 도형을 그려가며 어떤 문제의 연구에 몰두하면서 눈과 마음을 하나같이 그 문제에 집중하고 있었으므로, 로마군의 침입이나 그 도시가 점령당했다는 사실 따위는 전혀 모르고 있었다. 그 때 갑자기 한 병사가 다가와 마르켈루스에 복종하라고 명령하였고, 아르키메데스가 문제를 해결하기 전에는 움직일 수 없다고 거절하자, 화가 난 병사는 검을 꺼내어 살해하였다. 이 때의 상황을 또 다른 이들은 다음과 같이 기록하고 있다. 검을 빼들고 그에게 달려온 병사가 그를 죽이려고 하는 순간, 아르키메데스는 아직 결론에 이르지 못한 채 불완전한 문제를 남겨두고 떠나고 싶지 않았으므로 뒤를 돌아보면서 잠시 동안만 기다려 달라고 간절히 부탁하였으나, 그의 애원에도 불구하고 병사는 곧바로 그를 살해해 버렸다. 또 어떤 이들은 다시 다음과 같이 상세하게 기록하고 있다. 아르키메데스가 수학 관련 도구들인 태양의 크기를 측정할 수 있는 도구, 눈금판, 구(球), 각도기 등을 그릇에 담아 옮기고 있을 때, 병사들은 그릇 안에 황금을 옮기고 있다고 생각하여 그를 살해하였다. 그의 죽음이 마르켈루스에게는 확실히 매우 큰 고통을 주었으며 그를 살해한 병사를 살인자로 지목하기까지 하였다. 마르켈루스는 아르키메데스의 친척을 찾아 내어 그들에게 특별한 보살

핌과 애정으로 경의를 표하였다.

플루타르크는 위와 같이 아르키메데스의 죽음에 대한 세 가지 설을 보이고 있으며 여기서 조금 더 나아가면 이야기는 더욱 극적으로 변한다. ⟨Tzetzes⟩와 ⟨Zonaras⟩에서 우리는 또 다른 구절을 찾아낼 수 있는데 그것은 다음과 같다. 모래 위에서 도형을 그리며 연구에 몰두하고 있던 아르키메데스는 너무 가까이 접근한 로마병사에게 "이봐, 내 그림에서 물러서!"라고 외쳤고, 격분한 병사는 그를 살해하였다. 다음이 최신판의 원전이다. "내 원들을 흩뜨리지 말라."

다음은 수학자들에 관한 역사에서 가장 훌륭한 드라마의 에피소드 중 하나이다. 아르키메데스 훨씬 이후에 우리는 수학사에서 갈루아(Galois)[1]를 발견하게 되는데, 그는 결국 자신의 운명을 마감하게 된 결투의 전날 밤에 영감으로 얻은 멋진 생각들을 기록하려고 미친듯이 시도하였다. 그 때 그의 나이는 21세였다. 몇몇의 수학천재, 예를 들면 노르웨이 수학자 아벨(Abel)[2]과 같은 수학자들은 쇠약함, 빈곤, 결핵 등으로 사망하였다. 그리고 콩도르세(Condorcet)는 프랑스혁명 이후에 폭력에 의한 종말을 맞이했지만 일반적으로 수학자들은 시인들과 비교하면 이런 면에서 훨씬 생동력이 없는 운명이었다.

내가 보기에, 아르키메데스는 오늘날 아인슈타인에 대해서

---

[1] 프랑스 수학자인 갈루아(Évariste Galois, 1811-32)는 5차 이상의 일반적인 방정식은 대수적으로 풀 수 없다는 것을 결투 전날 밤에 기록한 논문에서 보여 주었다.
[2] 노르웨이 수학자인 아벨(Niels Henrik Abel, 1802-29)은 1824년에 5차 이상의 방정식에 대한 아주 다른 방법으로 같은 결과를 찾아 내었다.

그런 것만큼이나 그 당시 식자들의 우상이 되었고 얼토당토않은 많은 이야기들이 그의 이름을 따라다녔다. 플루타르크의 책에서 다음과 같은 것을 읽을 수 있다. 아르키메데스는 자신의 생각에 너무나 몰입되곤 하여 몸을 씻거나 기름을 바르고 있을 때 "그는 심할 정도로 주위 사람들을 의식하지 않았고 과학에 대한 사랑과 희열을 지닌 채로 완전히 몰입된 상태에서 타고 남은 잿더미에서 기하학적인 그림과 도형을 그리곤 하였다."

우리는 또한 아직까지도 그의 이름을 따서 알려진 부력의 법칙을 목욕하는 동안에 어떻게 발견하였는지에 대한 이야기를 알고 있다. 그는 너무 흥분한 나머지 벌거벗은 채로 "유레카, 유레카(Heureka, heureka)"를 외치면서 시라쿠사 거리를 달렸는데, 그 외침은 그리스어로 "알아냈다, 알아냈어."를 의미한다. 이 이야기는, 내 생각으로는 약간 와전된 것으로 여기는데, 〈비트루비우스〉(Vitruvius)에 실려 있다. 이 발견은 아르키메데스로 하여금 히에론 왕의 왕관과 황금띠를 세공하였던 금세공인이 은을 넣어 속이지 않았나 하는 히에론 왕의 의심을 해결해 주었다. 아르키메데스는 드디어 무게를 이용하여 왕관의 밀도를 결정할 수 있었고, 왕관의 밀도가 순금의 밀도보다 작다는 것을 발견하였다고 전해진다.

정신이 약간 나간 것 같은 이런 이야기들은 다소 우스꽝스럽고 의심스럽기는 하지만 아르키메데스 정도의 재능을 가진 자가 되기 위한 필수적인 조건은 다른 모든 것을 잊고, 당면한 문제에 자신의 주의력을 한동안 완전히 집중시킬 수 있는 능력이라는 것을 잊어서는 안 된다.

이것은 본질적으로 그의 작품들을 제외하고 아르키메데스의 생애에 대해 우리가 알고 있는 모든 것이다. 그의 개성의 어떤 특성들을 서언과 그에 대한 이야기에서 유추할 수 있는데 그의 유머 감각이 깃들인 몇 구절과도 만난다. 우리는 그가 해안에서 이론에 대한 극적인 실제 증명을 해 보일 때의 눈에 선한 환희 속에서 그것을 알아낼 수 있다. 그리고 〈나선에 관하여〉(On Spirals)의 서언에서 그는 이론 중 일부를 알렉산드리아에 있는 친구들에게 보내 주었다고 언급하고 있다. 그렇지만 증명부분이 없었으므로 그들은 스스로 증명을 찾아 내는 기쁨을 맛보았을 것이다. 그러나 누군가 그의 이론을 증명해 보려는 노력도 없이 마치 자신의 이론인 양 사용하면 아르키메데스는 매우 싫어하였고, 그래서 "모든 이론을 발견했다고 자칭하지만 그 이론에 대한 어떤 증명도 제시하지 못한 사람들은, 실제로 불가능한 것을 발견한 체하는 사람으로서 얼마나 공격을 받을지 모른다"고 경고하면서 그의 정리 속에 거짓인 두 개의 이론을 포함시켜 놓았다.

2. 아르키메데스의 업적

유클리드의 〈원론〉이 선조들의 결과에 대한 복합체라 할 수 있는 반면에 아르키메데스의 모든 논문은 수학의 지식분야에 대한 새로운 기여 그 자체였다. 그리스에 보존되어 있는 작품들은 다음과 같다.

평면도형의 평형에 관하여, I(On the Equilibrium of Plane Figures, I)
포물선 구적법(Quadrature of the Parabola)
평면도형의 평형에 관하여, II(On the Equilibrium of Plane Figures II)
구와 원기둥에 관하여, I, II(On the Sphere and Cylinder, I, II)
나선(螺線)에 관하여(On Spirals)
의원추와 회전타원체에 관하여(On Conoids and Spheroids)
부체(浮體)에 관하여, I, II(On Floating Bodies, I, II)
원의 측정(Measurement of a Circle)
모래계산가(Sand-reckoner)

하이베르크는 이 작품들의 그리스어 원본을 제한적인 형태 내에서 수정하였다. 1906년에 그는 그 때까지만 해도 잃어버린 것으로 생각되었던 〈방법〉(Method)의 그리스어 원본을 콘스탄티노플의 수도원 도서관에서 발견하였다. 그 원문은 10세기의 필적으로 양피지에 기록되어 있었고, 13세기에 사람들은 종교의식용으로서 귀중한 것이 되도록 깨끗하게 닦은 후, 표면에 다시 글씨를 썼는데 흔히 팰림프세스트('사본'이라는 그리스 낱말)라 불렀다. 그러나 팰림프세스트의 원문을 읽기는 실로 매우 어려웠다. 다행히도 하이베르크는 이 사본을 충분히 이해할 수 있었고, 따라서 그 당시까지 초라한 상태로 보존되었지만 믿을 만했던 작품, 그 중에서 수학적 퍼즐을 이용하여 시행해야 하는 〈스토마키온〉(The Stomachion)의 경우처럼 아르키메데스의 훌륭한 책들의 대부분을 양호한 형태로 출판할 수 있었다. 〈방법〉은 보존되어 있는 그의 작품 중 아마도 가장 최근의 것이며 위의 기록에서 가장 아래 부분에 속하는 셈이 된다.

그의 발견에 대한 하이베르크의 귀중한 보고서를 통하여, 훌륭하고 근면한 학자에게 보상이 되어 돌아오는 이런 희귀한 발견에 숨어 있던 기쁨과 긍지가 빛을 보았다.

그리스 원본 이외에도 약간 훼손된 상태로 보존되고 있는 이븐 쿠라(Thabit ibn Qurrach, 836-901)가 아랍어로 번역한 몇 개의 논문이 있다. 하나는 〈보조정리집〉(The Book of Lemmas)이라 하는데, 그것은 하이베르크의 간행물에 포함된 라틴어 번역물에서도 찾아볼 수 있다. 3.4절에서 알아볼 각의 삼등분은 이 책으로부터 나온 것이다. 또 다른 하나는 아랍어로 번역된 논문을 쇼이(Schoy)가 발견하여 그가 죽은 후인 1927년에 출간된 것으로, 우리가 나중에 작도할 칠각형은 이 논문에서 나온 것이다.

히스(T. L. Heath)는 하이베르크의 원본을 현대적 수학기호를 이용하여 소개해 가면서 영어로 번역하였는데 이 번역물[9]은 오늘날에도 매우 유명하다.

보존되어 온 이런 작품들 이외에도 잃어버린 몇몇 논문의 제목을 우리는 알고 있다. 그래서 우리는 태양, 달, 천체운동을 나타내는 아르키메데스의 훌륭한 장치에 대하여 알고 있으며 그는 그러한 장치 및 도구의 제작에 대해 기록한 〈**구에 관하**

여〉(On Sphere-making)라는 한 권의 책을 저술하기도 하였다.

아르키메데스의 업적의 영역과 그 실체를 이해하기 위해서 매우 간단하게 그의 책의 내용을 소개한다.

〈**평면도형의 평형에 관하여**〉라는 책에서, 그는 간단한 몇 개의 공리를 이용하여 지레의 법칙을 증명하고, 나중에는 서로 다른 모양의 얇은 판자들의 무게중심을 찾는 데 그것을 이용하고 있다(무게중심의 개념은 그가 생각해 낸 것이다). 이것은 고대로부터 내려오는 물리적 물질에 관련된 책 중 〈**부체에 관하여**〉와 함께 오늘날의 독자들에게까지 깊은 감명을 주면서 기초이론을 뛰어넘는 유일한 저작이다. 〈부체에 관하여〉의 제1권은 아르키메데스의 부력의 법칙을 포함하고 있는데, 정리 5와 정리 6에서 명확하게 언급되고 아름답게 증명되어 있다.

그러나 아르키메데스 저작의 대부분은 순수수학 분야로 기울어져 있으며, 그가 해결한 문제의 대부분은 오늘날 미적분학 이론의 기본 착상을 요구하는 것들이다. 이를테면 〈**구와 원기둥에 관하여**〉에서는, 구의 부피는 그것에 외접하는 원기둥 부피의 $\frac{2}{3}$가 되고 표면적은 외접원기둥의 옆면적과 같아서 결국에는 네 개의 큰 원의 면적의 합과 같다는 것을 밝혔다.

〈**원의 측정**〉에서 반지름이 r인 원의 면적 A는, 높이가 r이고 밑변이 원의 둘레인 C와 같은 삼각형의 면적, 즉 $A=\frac{1}{2}rC$와 같다는 것을 처음으로 증명하고 있다.

이 사실로부터 원의 반지름의 제곱에 대한 원의 면적의 비는 지름에 대한 원주의 비와 같다는 것을 알 수 있다. 이 공통비는 오늘날 π라 부르고 있으며, 아르키메데스는 원에 내접하

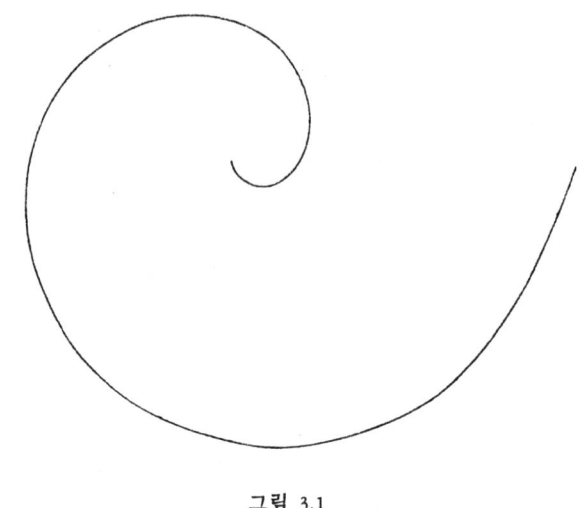

그림 3.1

는 정96각형과 외접하는 정96각형의 길이를 계산함으로써

$$3\frac{10}{71} < \pi < 3\frac{10}{70}$$

을 유도했다. 이 부등식에서 오른쪽에 있는 측정값은 일반적으로 사용하는 근사치인 $\frac{22}{7}$ 이다.

〈나선에 관하여〉에서 그는 소위 아르키메데스의 나선이라고 하는 곡선을 연구하고 있다(그림 3.1 참고). 한 점 O에서 시작한 반직선이 시계바늘처럼 O를 중심으로 일정하게 회전하고 또 다른 점 P가 O에서 출발하여 일정한 속도로 이 반직선을 따라서 움직인다면 이 때 점 F는 그림 3.1과 같은 종류의 나선을 그릴 것이다. 오늘날 극좌표[3] 형태로 표현된 나선의 방정식은 다음과 같다.

$$r = a \cdot \theta, \quad \theta \geq 0$$

그는 곡선에 대한 많은 놀라운 성질을 찾아 내었는데 그것 중에는 다음과 같은 것도 있다. 그림 3.2의 점 O에서 점 A에 이

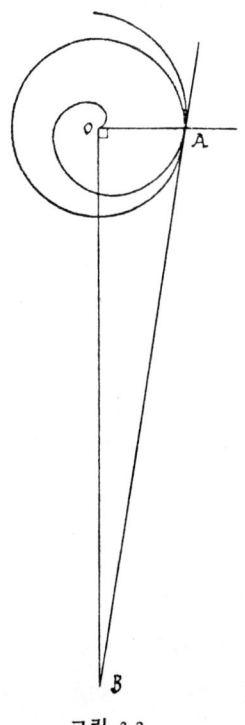

그림 3.2

---

3 평면상에 반직선(고정점 O에서 출발하는) Ox를 그어서 이것을 x축이라고 하자. 그러면 평면상의 임의의 점 P의 위치는 선분 OP가 x축과 이루는 각 θ와 선분 OP의 길이 r에 따라 정해질 수 있는 데, 이 때 r, θ를 점 P의 극좌표라 하고 O 극(Pole)이라고 한다.

르는 곡선을 아르키메데스 나선의 첫번째 회전이라고 하면(즉, $0 \leq \theta \leq 2\pi$에 해당하는 것) 이 때 이 곡선과 선분 OA로 둘러싸인 부분의 면적은 반경 OA인 원의 면적의 $\frac{1}{3}$과 같고, 더구나 선분 AB가 점 A에서 나선에 접하는 접선이고 선분 OB가 선분 OA에 수직이면 선분 OB의 길이는 반경을 OA로 하는 원주의 길이와 같다. 아르키메데스는 이것을 명확하게 언급하지는 않았지만 이것은 〈원의 측정〉에 있는 위의 이론을 이용하면 보일 수 있으며, 삼각형 OAB의 면적은 반지름이 OA인 원의 면적과 같다는 것을 말해 준다. 따라서 아르키메데스는 **주어진 원의 둘레와 길이가 같은 직선을 결정하는 문제와 원적(圓積)문제** 모두 성공하였다고 볼 수 있다. [원적문제: 주어진 원의 면적과 같은 면적을 갖는 정사각형을 결정하는 것.]

〈포물선 구적법〉에서, 아르키메데스는 포물활꼴[4]의 면적은 가장 큰 면적을 갖는 내접삼각형 면적의 $\frac{4}{3}$가 된다는 정리를 증명하고 있는데, 그는 이 정리가 너무 흥미 있는 나머지 세 가지의 서로 다른 증명을 제시하고 있다. 히에론 왕의 아들인 겔론(Gelon)에게 편지 형식으로 보낸 〈모래계산가〉는 더욱더 널리 알려진 논문이다. 여기에 그는 매우 큰 수를 기록하면서 아주 훌륭한 기수법(number notation)을 선보이고 있다. 이 기수법을 실제적으로 시험해 보기 위하여 우주 전체를 아리스타쿠스(Aristarchos)가 상상하였던 우주만큼이나 큰 우주까지도 채울 수 있는 모래알의 수보다도 큰 수를 10^{63}으로 기술하였다. 아리

---

[4] 포물활꼴(Segment of a parabola)은 포물선의 일부인 호와 직선으로 둘러싸인 모양이다. 포물선과 만나면서 대칭축과 평행하지 않는 임의의 직선은 그러한 포물호를 만들어 낸다.

스타쿠스는 태양중심설을 제창하였는데, 이 체계에서 지구는 1년에 한 번 고정된 태양의 둘레를 여행한다. 이제 아르키메데스는 항성들이 한 해 동안에 상호간의 거리를 변화시키지 않은 채 유지한다는 것을 설명하기 위하여 항성의 활동 영역은 일반적으로 생각하는 것보다 훨씬 거대하다고 주장하였다. 여기서 아르키메데스는 초기 그리스 천문학에 대한 우리의 몇 가지 출처 중 하나를 제공하며, 태양의 지름 d를 정확하게 측정하기 위하여 얼마나 많은 노력을 하였는가에 대해서도 언급하고 있다. (그의 측정치는 $90°/200 < d < 90°/164$이고 실제로 보통 사용하는 대략적인 근사치 d 값은 $1/2°$이다.)

최근에 발견된 〈방법〉은 아마도 아르키메데스 작품을 연대 순으로 나열할 때 마지막 부분에 속할 것이다. 이 책에서 그는 아주 인상적인 결과를 갖는 다양한 문제에 대하여 자신이 명명한 방법인 어떤 역학적인 방법 ─오늘날 적분론과 밀접한 관계가 있는 것─ 을 이용하고 있다. 이 방법이 그의 눈으로 보기에는 증명에 대한 확신을 주었던 것은 아니고 본질적으로는 그럴듯한 논의 정도에 더 가까웠던 것 같다. 그는 엄격하게 증명해야 할 가치가 있는 이론들을 추론하고 공식화하는 데 그러한 논의의 유용성을 적절하게 역설하였다. 아르키메데스의 수학에 대한 마지막 예는 〈방법〉에서 나온다.

아르키메데스의 업적에 대한 이러한 피상적이고 불완전한 관찰만으로도 수학자로서의 여유, 독창성, 능력에 대한 깊은 인상을 충분히 받을 수 있다. 아르키메데스의 수없이 많은 정말 놀라운 증명을 모두 소개하는 것은 이 책의 범위를 넘어서기 때문에 생략할 수밖에 없으며, 고대 수학에서 이토록 위대한 기여에 대해 호기심을 느끼는 독자들에게는 그 작품들을 스스로 찾아보기를 권할 뿐이다.

우리가 아르키메데스의 좀더 단순한 작품의 예를 돌아보기 이전에 명성의 일부는 그가 제작한 발명품에 근거함을 알아야 한다. 해안에서 실제로 증명해 보였고, 나중에 병기로 이용되었던 합성도르래는 그의 훌륭한 이론적인 통찰력을, 지금은 정역학(靜力學)이라고 하는 역학의 분야로 옮겨 간 아주 자연스러운 결과이다. 더구나 순환하는 스크루를 발명하였는데 이 고안품은 물을 위로 끌어올리기 위해 사용되었고, 오늘날도 사용하는 것이다. 마지막으로, 기계기술자로서의 업적은 여러 가지 있지만 일찍이 언급한 바 있는 천문관측 장비의 제작과 수압을 이용한 오르간 등도 여기에 포함된다.

3. 정다각형의 작도

오늘날의 평면기하학에서 "작도"라는 낱말은 사실상 **컴퍼스와 눈금 없는 자**(straightedge)[5]를 이용하여 시행하는 작도와 같은 의미가 되었다. 그러한 작도에서 시행 규칙은 다음과 같은 세 가지 조작만 허용하고 있다.

---

5 ruler와 straightedge를 구별하는 것은 잘한 일이며, ruler에는 눈금이 표시되어 있으나 straightedge에는 아무런 표시가 없다.

1. 주어진 임의의 점을 중심, 주어진 임의의 선분을 반지름으로 하여 원을 그릴 수 있다.
2. 두 개의 주어진 임의의 점을 선분으로 연결할 수 있다.
3. 주어진 선분을 자신이 원하는 만큼 연장할 수 있다.

(여기서 "주어진"의 뜻은 선험적인 것 또는 허용된 조작에 의해 이미 작도된 것을 의미한다.)

이것들은 엄격한 제약이고, 그러한 제한된 방법을 이용하여 우리가 하고 싶은 수많은 작도를 대부분 성취할 수 있다는 것은 정말 놀라운 일이다.

지난 몇 세기 동안의 작도에 대해 조사해 보면 두 가지 방향이 있음을 알 수 있다. (i) 동치작도(equivalent construction)에 대한 연구가 있다(동치작도라 함은 컴퍼스와 자, 그리고 위의 시행규칙을 이용하여 작도할 수 있는 모든 것을 새로운 도구와 새로운 규칙을 이용하여 작도할 수 있고, 역으로 새로운 도구와 허용된 작용을 이용하여 작도되는 모든 것을 컴퍼스와 자, 그리고 위의 시행규칙을 이용하여 작도해 낼 수 있을 때, 새로운 도구와 허용된 조작을 이용한 작도를 뜻한다). (ii) 위에 열거한 규칙 아래 컴퍼스와 자를 이용하여 작도할 수 있는 것과 작도할 수 없는 것들을 특성화하기 위한 많은 노력을 기울였다.

최초의 선분을 따라서, 컴퍼스와 자를 이용하여 작도할 수 있는 모든 것은 자와 고정된 열림(fixed opening)이 있는 두 개의 컴퍼스를 이용하여 작도할 수 있다는 것은 17세기 초에 이미 밝혀졌다. 명백히 조작 1은 이제 폐기되었고 반경이 고정된 원만을 알려진 임의의 점을 중심으로 그릴 수 있다. 1797년에 이탈리아인 마쉐로니(Masheroni)는 〈Geometria del Compasso〉라는 책을 출판하였는데, 이 책에서 컴퍼스만을 이용하여 컴퍼스와 자를 가지고 작도할 수 있는 모든 점들을 작도할 수 있다는 것을 보여 주었다. 두 개의 점은 한 선분을 결정하므로, 그것의 끝점을 알 수 있다면 한 선분을 작도할 수 있다고 생각해도 된다. 왜냐하면 컴퍼스만을 가지고 변을 작도한다는 것은 물론 불가능하기 때문이다. 어떠한 새로운 조작도 더하지 않고, 자를 불필요하게 한 이 놀라운 결과는 마쉐로니의 명성을 능가하였으나, 수세기 동안 여러 도서관에 묻혀 있었던 책인 〈Euclides Danicus〉에서 모어(Dane Georg Mohr)가 이미 1672년에 이것을 예견하였다는 것이 1927년에 발견되었다.

19세기에 컴퍼스와 자를 이용한 작도와 동치인 여러 개의 다른 작도가 발견되었는데, 예를 들면 자와 중심을 알고 있는 하나의 고정된 원에 의한 작도, 자와 서로 교차하는 두 개의 고정된 원에 의한 작도 등이다. 만약 당신이 컴퍼스를 분실하였지만 교차하는 두 개의 원을 그릴 수 있는 50센트짜리 동전이 있다면 모든 것이 순조롭게 진행될 수 있으나, 동전을 가지고 있지 않다면 자만을 가지고 시행한다는 것이 충분하지 않다는 것은 자명하므로 운이 좋은 편이 아니다.[6]

다른 방면의 연구 ——가능한 작도와 불가능한 작도에 대한 특성화—— 는 좀더 큰 수학적 관심사에 대한 중요성을 불러일으킨다. 나는 독일의 위대한 수학자 가우스(C.F. Gauss, 1777-

---
[6] 예에 대해서는 [6], pp. 177ff를 참고.

1855)에 기인한 한 정리를 인용할 터인데, 그것은 다음과 같은 질문과 관련이 있다. 작도 가능한 정다각형은 어떤 것들이 있는가? 그 정리는 이 질문에 대해서 다음과 같이 언급하고 있다.

정 n 각형의 컴퍼스와 자를 이용하여 작도 가능하기 위한 필요충분조건은 $n = 2^a$ 또는

$$n = 2^a \cdot p_1 \cdot p_2 \cdots p_r$$

를 만족하는 것이다. 단, $p_1, p_2, \cdots, p_n$ 는

$$p = 2^{2^\beta} + 1$$

형태의 서로 다른 소수(prime number)이고 α 와 β 는 음이 아닌 정수이다.

위의 정리에 대한 증명은 너무 복잡하므로 여기에 제시할 수는 없지만 위의 정리에 대한 몇 가지 설명을 열거하면, 가우스는 한 원을 n개의 같은 조각으로 분할하는 기하학적 문제와 방정식

$$x^n = 1$$

을 해결하는 대수적인 문제 사이의 관계를 알아차렸다고 언급하는 것으로도 충분하리라고 본다. 왜냐하면, 이 방정식의 n개의 근은 복소평면상의 점으로 나타낼 때 단위원에 내접하는 정 n각형의 꼭지점을 형성하기 때문이다.

그러나 위 정리가 말하고자 하는 것을 살펴보자. 우리가 어떤 정다각형을 작도할 수 있다면, 곧바로 외접원상의 모든 호를 이등분함으로써 간단하게 변이 두 배인 정다각형을 작도할 수 있기 때문에 인수 2^a는 쉽게 이해된다. 이와 같이 유클리드가 작도했던 정15각형으로부터 곧바로 30, 60, 120다각형 등을 얻을 수 있다.

$$2^{2^\beta} + 1$$

형태의 소수는 가우스가 이러한 작도 문제에서 그들의 역할을 발견하기 훨씬 이전부터 유명하였다. 그것들은 현대수론의 창시자인 프랑스 수학자 페르마(Pierre de Fermat, 1601-1665)의 이름을 따라서 **페르마 소수**(Fermat Prime)라고 하는데, 그는 이런 형태의 모든 수는 소수가 된다는 잘못된 결과를 발표한 바 있다. β가

$$0, 1, 2, 3, 4$$

값을 취할 때 $2^{2^\beta} + 1$값은 각각

$$3, 5, 17, 257, 65537$$

이 되며, 실제로 이 값들은 모두 소수이다. 그러나 1735년에 오일러(Euler, 1707-1783)는

$$2^{2^5} + 1 = 641 \cdot 6,700,417$$

을 알아 내었다. 이제 $2^{2^5} + 1$을 각각이 641을 인수로 갖는 두

정수의 차로 나타냄으로써 그것이 641로 나누어 떨어진다는 것을 볼 것이다.[7]

$$641 = 5^4 + 2^4$$

이므로

$$A = 2^{28}(5^4 + 2^4) = 5^4 \cdot 2^{28} + 2^{32}$$

은 641로 나누어 떨어진다. 또한,

$$641 = 5 \cdot 2^7 + 1$$

이므로

$$(5 \cdot 2^7 + 1)(5 \cdot 2^7 - 1) = 5^2 \cdot 2^{14} - 1$$

은 641로 나누어 떨어지고, 따라서

$$B = (5^2 \cdot 2^{14} + 1)(5^2 \cdot 2^{14} - 1) = 5^4 \cdot 2^{28} - 1$$

도 641로 나누어 떨어진다. 그러므로

$$A - B = 2^{32} + 1$$

은 641로 나누어 떨어진다.

1880년에 랜드리(Landry)는

$$2^{2^6} + 1 = 274,177 \cdot 67,280,421,310,721$$

---

[7] 예를 들면, G.H. Hardy and E.M. Wright: *Introduction to the Theory of Numbers*, 4th ed. Oxford, 1960. Section 2.5, pp. 14-15 참고.

이 성립한다는 것을 보였다. 그 당시부터 이런 종류의 수에 대한 연구가 계속되었으나 최근에야 비로소 전자계산기의 도움을 받을 수 있게 되었다. 위에 열거한 다섯 개 이외의 페르마 소수는 지금까지 발견된 것이 없다. 페르마의 추측은 이와 같이 철저하게 분석되었고, 수학자들은 이제 이 다섯 개가 존재하는 페르마 소수의 모두라고 믿으려 하고 있다.

우리는 위의 이론에 배치되는 유클리드의 결과를 조사해 볼 필요가 있다. 그는 정삼각형과 정오각형에 대해 컴퍼스와 자를 이용한 작도를 만들어 내었고 3과 5는 최초의 두 개의 페르마 소수라는 것을 밝혔다. 더구나 그는 그 정리에서 $a=0$, $r=2$, $p_1=3$, $p_2=5$에 해당하는 정15각형을 작도하였다. 그러나 가우스가 정17각형에 대한 작도를 발견할 때까지 아무런 진전이 없었다. 가우스가 스스로 매우 자랑스럽게 여겼던 이 작도는 일반적인 정리를 추측하게 한 동기였다.

위 정리는 일반적으로 컴퍼스와 자를 이용하여 임의의 각을 삼등분하는 것은 불가능하다는 것을 의미한다는 점을 유의해야 한다. 왜냐하면 만약 삼등분이 가능하다면(즉, 60°나 120° 정삼각형으로부터 정구각형을 작도할 수 있을 것이다. 그렇지만 $9=3\cdot 3$은 페르마 형태의 서로 **다른** 소수 인수로 구성되어 있지 않으므로 정구각형은 작도 불가능하다.

그리스인들이 관심을 컴퍼스와 자만을 이용한 작도에만 제한시켰다는 것은 흔히 오해에서 비롯된 것이다. 실제로 모든 유클리드의 작도가 이 도구를 가지고 시행할 수 있다는 것은 사실이며 그리스 기하학자들은 그들의 작업에 어떠한 제약도 인정하지 않았다. 따라서 우리는 다음에서, 아르키메데스가 임의 각의 삼등분과 정칠각형의 작도 모두에 사용할 수 있는 훌륭한 방법을 고안해 냈다는 것을 볼 것이다.

4. 아르키메데스의 각의 삼등분

아르키메데스의 각의 삼등분법은 〈보조정리집〉에서 정리 8로서 소개된 것인데, 이븐 쿠라의 아랍어판의 라틴어 번역본인 〈Liber Assumptorum〉에서 찾아볼 수 있다. 다음 증명은 원래의 증명을 약간 변형한 것이긴 하지만 본질적으로 아르키메데스의 증명과 같다.

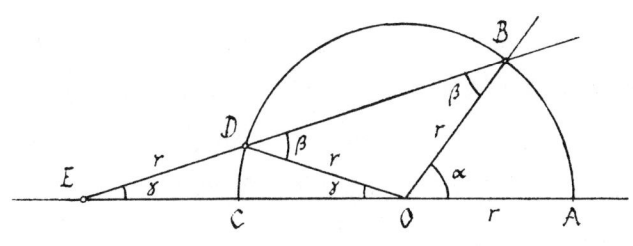

그림 3.3

그림 3.3에서 α를 임의로 주어진 각, 그것의 꼭지점을 O라고 하자. 그것의 한 변 위에 한 점 A를 취하고 꼭지점 O를 중심으로 $OA = r$를 반지름으로 하는 원을 그리되 각 α의 다른 변과 점 B에서 만나도록 하고, A의 정반대의 대칭점을 C라

하고, OC를 C쪽 방향으로 연장하자.

이제 궁극적인 작도가 이루어질 단계이다. 우리는 자 위에 두 개의 눈금 표시를 하되 그들 사이의 거리가 r이 되도록 하고, 왼쪽 표시를 L, 오른쪽 표시를 R이라고 하자. (자 위에 눈금 표시를 하였으므로 컴퍼스와 자를 이용한 작도에 대한 통상적인 규칙을 위배하였음을 주목하라.) 이제는 점 B를 지나고 표시 R이 원의 호 CB상에 놓이도록 자를 위치시킨 다음, R이 원을 따라서 움직이고 자는 언제나 B를 지나서 표시 L이 OC의 연장선상에 위치하게 될 때까지 움직인다. 직선 BDE는 자의 이러한 위치를 나타내고 있다. 즉, 그 직선은 점 B와 길이가 r인 선분 DE를 지난다.

우리는 이제 점 E에서의 각 γ가 각 α의 $\frac{1}{3}$임을 보일 것이다.

점 D에서의 각 β는 이등변 삼각형 ODE 안의 ∡ODE와의 보각관계이고 나머지 두 각의 합인 2γ와 같으므로 각 γ의 2배가 됨을 알 수 있다. 이제 각 α는 삼각형 EOB에서 ∡EOB와 보각관계에 있으므로 나머지 두 각의 합인 $\beta+\gamma$와 같게 되어 다음이 성립함을 알 수 있다.

$$\alpha = \beta + \gamma = 2\gamma + \gamma = 3\gamma$$

그러므로 각 γ는 각 α의 $\frac{1}{3}$이 되는 주어진 각을 삼등분하는 데 성공한다. 이것은 컴퍼스와 자를 이용한 통상적인 작도로는 행할 수 없으므로 허용되지 않은 조작을 첨가하여 작도를 시행하였는바, 이미 언급한 것처럼 그것은 우리가 사용했던 자에 두 개의 눈금 표시를 선행했던 것이다. 이것은 선분의 연장선이 제시된 점 B를 지나도록 해 주면서 제시된 곡선(여기서는 반원과 직선) 사이에 선분을 꼭 맞출 수 있도록 해 주었다. 이 조작은 통상적인 작도에 있는 세 가지 허용된 조작에 아주 강력한 보탬이 된 셈이고, 예를 들면 방금 보았다시피 여러 가지 새로운 문제를 해결할 수 있도록 해 주었다. 이는 아르키메데스 시대에 그리스 수학자들에게는 별로 새로운 것이 아니었고, 그것을 이용한 작도는 'neusis-construction'이라고 하는 특별한 명칭을 갖기도 하였는데, 그것은 "끄덕이다(nod) 또는 기울다(verge)"(우리가 사용한 자 위에 표시된 두 점 사이를 연결한 선분이 고정점 B 방향으로 기울거나 향하고 있는)를 의미하는 그리스어 동사인 'neuein'로에서 나온 것이다.

이 증명에 대한 아르키메데스의 원작이 의심을 받아 왔지만(우리는 그리스 원본을 가지고 있지 않다) 나는 의심하지 않는다. 왜냐하면 이는 〈나선에 관하여〉에 있는 그의 이론과 너무나 흡사하게 닮았기 때문이다.

● 문제

3.1 주어진 각 $\alpha(=\angle AOB;$ 그림 3.4 참고)에 대해서, 각 α의 한 변 위에 길이가 a인 임의의 선분 OA를 표시한다. 점 A를 지나면서 하나는 α의 다른 변에 평행이고 다른 하나는 수직이 되는 두 개의 직선을 긋는다. C를 지나며 그것의 연장선이 O를 지나도록 길이가 $2a$인 선분 CD를 이 두 개의 직선 사이에 꼭 맞추어 넣는다(a *neusis* construction). 그림 3.4의 표기를 이

용하면

$$a = 3\beta$$

즉, a가 삼등분되었음을 보여라.

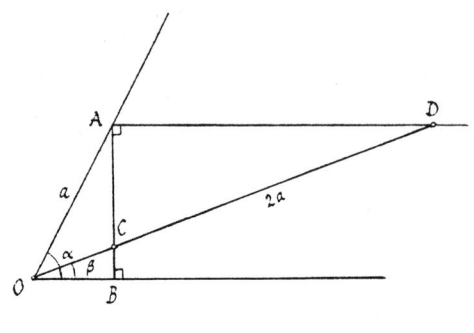

그림 3.4

3.2 토마호크 모양의 평판이, 자의 위쪽 가장자리가 정점(각 a의 정점)을 지나면서, 임의의 각 a의 양변에 끼여 있다. 이 때

$$a = 3\beta$$

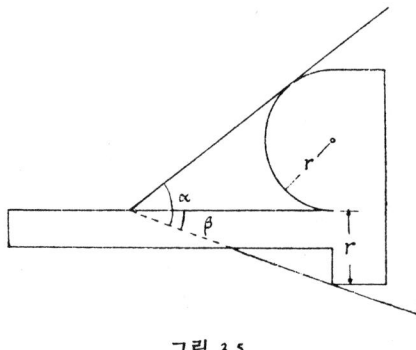

그림 3.5

임을 보여라. 토마호크는 간단한 각의 삼등분 장치이다. 나는 호감이 가는 이 장치의 유래를 모르지만 한 학생이 나에게 이것을 알려 주었다.

5. 아르키메데스의 정칠각형 작도

쇼이(Cral Schoy)는 이슬람 수학에 대한 그의 연구과정에서, 이븐 쿠라가 아랍어로 번역한 아르키메데스의 알려지지 않았던 또 다른 논문 원고를 발견하였다. 그것은 쇼이가 사망한 후 1927년에 출간되었는데 이 논문에는 정칠각형에 대한 아르키메데스의 작도가 마지막 정리로서 포함되어 있다. 이것을 트로프케(Tropfke)의 독일어판을 인용하여 설명할 것이다.

(a) 그림 3.6에 제시된 선분 *AB*를 가지고 작도를 시작한다. 선분 *AB*상에 정사각형 *AFEB*를 만들고 대각선 *AE*를 그

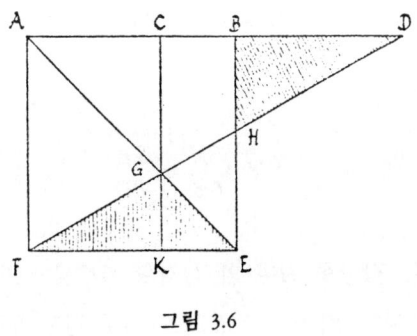

그림 3.6

린 다음 주어진 선분 AB를 B를 지나서까지 연장한 후 neusis 작도를 시행한다. 한 직선이 언제나 점 F를 지나도록 하면서, 이 직선과 대각선 AE, 변 FE로 둘러싸인 면적이 직선과 변 BE, 그리고 선분 AB의 연장선으로 둘러싸인 면적과 일치하도록 변화시킨다. 그림에서 선분 FD는 이 직선의 위치를 나타내고, 빗금쳐진 부분은 면적이 같다. 또한 이 선분은 점 G에서 대각선과 교차하고, 점 H에서 변 BE와, 점 D에서 선분 AB의 연장선과 각각 교차한다. 점 G를 지나면서 점 C에서 선분 AB와, 점 K에서 선분 FE와 교차하면서 선분 BE에 평행한 직선을 긋는다. 이제 동일 직선상의 네 개의 점 A, B, C, D가 다음과 같은 두 방정식을 만족한다는 것을 주장한다.

(ⅰ) $\qquad AB \cdot AC = BD^2$
(ⅱ) $\qquad CD \cdot CB = AC^2.$

이것은 다음과 같이 증명된다. 빗금친 두 삼각형의 면적이 일치하므로

$$GK \cdot FE = BH \cdot BD$$

즉

(1) $$\frac{BH}{GK} = \frac{FE}{BD}$$

가 성립한다. 삼각형 HBD와 삼각형 GKF는 모두 직각삼각형이고 ∢GFK와 ∢BDH가 같으므로 서로 닮은 삼각형이 되어

(2) $$\frac{BH}{GK} = \frac{BD}{FK}$$

가 성립한다. 방정식 (1)과 (2)에서

$$\left(\frac{BH}{GK}=\right)\frac{FE}{BD} = \frac{BD}{FK}$$

이므로

$$FE \cdot FK = BD^2$$

을 얻을 수 있다. FE 대신 AB를, FK 대신 AC를 각각 대입하면

$$AB \cdot AC = BD^2$$

인 (ⅰ)을 얻는다.

또한 삼각형 FKG와 삼각형 DCG는 서로 닮은 삼각형이 되고,

$$\frac{GK}{FK} = \frac{GC}{CD}$$

즉

(3) $$GK \cdot CD = FK \cdot GC$$

를 얻을 수 있다. 선분 AE는 정사각형 내의 대각선이므로 $\angle GAC$와 $\angle GEK$는 각각 45°가 되며 $GC = AC$, $GK = KE$가 각각 성립한다. 또한, $FK = AC$, $KE(= GK) = CB$가 각각 성

립한다. 식 (3)에서 GK 대신 CB를, FK와 GC 대신 AC를 각각 대입하면

$$CB \cdot CD = AC^2$$

을 얻는다.

이 시점에서 성급한 독자는 이것이 칠각형과 무슨 관련이 있을까 하고 의아스럽게 생각할지도 모른다. 우리는 다음에 자주 이용할 정리(그림 3.7 참고)를 상기한 후에 그 관계를 명확하게 보일 것이다. 주어진 선분 AB의 한 쪽 위에 $\angle APB$가 주어진 각 α를 유지하도록 하는 모든 점들 P의 자취는 현 AB와 각 α에 따라 결정될 둥근 호가 되며, $\angle APB = \alpha$는 현 AB의 다른 쪽에 있는 둥근 반호에 의해서도 측정된다.[8]

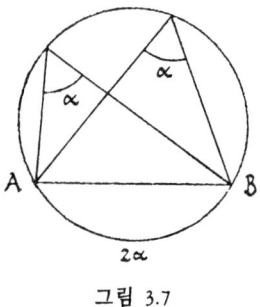

그림 3.7

(b) 그림 3.8 에서 AD는 그림 3.6에서처럼

(i) $$AB \cdot AC = BD^2$$

---

8 이 자취를 작도하는 방법에 대한 세부적인 것에 대해서는 *Hungarian Problem Book I*, p. 30, NML 11을 참고.

(ii) $$CD \cdot CB = AC^2$$

을 만족하도록 나누어진 선분이다. 이제 우리는

$$CE = CA, \quad BE = BD$$

를 만족하도록 하는 점 E를 취한 후, 삼각형 AED의 외접원을 작도한다(이것은 그림에서 큰 원에 해당한다).

이 때 선분 AE는 이 원에 내접하는 정칠각형의 한 변이 되는데, 이것에 대한 증명은 단순하지는 않지만 결과가 놀라운 것이라는 것에 비하면 오히려 덜 복잡하다.

우리는 삼각형 EBD가 밑각이 α인 이등변 삼각형이라는 것을 관찰함으로써, 또한 비슷한 방법으로 삼각형 ACE도 밑각이 β인 이등변 삼각형이라는 것을 관찰함으로써 정칠각형의 작도를 시작한다.

선분 EB와 선분 EC를, 점 F와 점 G에서 각각 원과 만날 때까지 연장하고, 선분 AF를 작도하여 선분 EG와의 교점을 H라 한 후 점 B와 H를 연결한다.

한 원에서 한 호에 대한 원주각의 크기는 그 호에 대한 중심각 크기의 반이라는 사실을 상기할 필요가 있다.

삼각형 EBD에서 $\angle EBA$는 $\angle B$와 보각관계에 있으므로 그것은 다른 두 각의 합인 2α와 같다.

이제 조건 (ii)를 이용하여

$$\frac{CD}{AC} = \frac{AC}{CB}$$

이고, $AC = EC$이므로

$$\frac{CD}{EC} = \frac{EC}{CB}$$

을 얻을 수 있다. 이것으로부터 BEC와 삼각형 EDC는 각 C를 공통으로 하고, 대응하는 변들의 쌍이 비례 관계에 있으므로(위의 관계를 이용하면) 닮은 삼각형이 된다는 것을 알 수 있다. 이와 같이 $\angle BEC = \alpha$가 되고 작은 호 GF의 중심각은 2α가 되어 호 GF는 호 AE, DF와 동등하게 된다.

호 ED와 호 AG의 중심각은 각각 2β이므로 서로 같다.

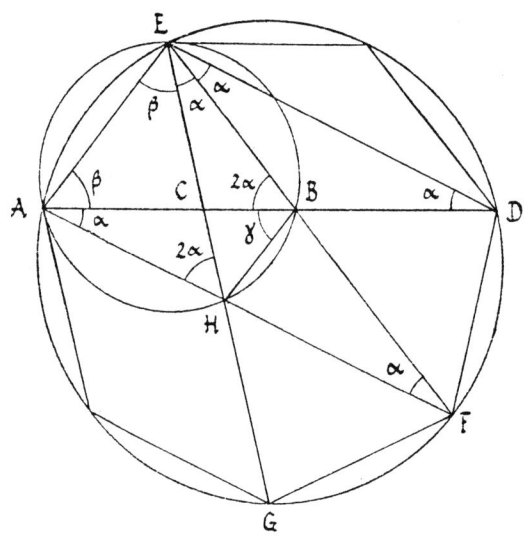

그림 3.8

만약 $\beta=2\alpha$라는 사실을 보이면 이 때 호 AE는 전체 원주의 $\frac{1}{7}$이 된다는 사실을 알 수 있으므로 증명은 끝날 것이다. 이 사실을 보이기 위해 선분 HB는 점 A와 점 E에서 각 α를 만듦으로써 점 A와 점 E는 HB를 현으로 하는 원호상에 있어야 한다는 것을 관찰하자. 다시 말해서 사변형 $AHBE$를 원에 내접시킬 수 있으므로 그것의 외접원을 그릴 수 있다. 이 원 내에서 주변각 β는 현 EB와 AH의 대각이므로 이 현들은 서로 같다. 더구나 현 AE를 마주 보고 있는 H에서의 각은 같은 현을 마주 보고 있는 B에서의 표시된 각 2α와 같게 되고 결과적으로 ∢AHE 또한 2α가 된다.

이제

$$\frac{AB}{BD}=\frac{BD}{AC}$$

이고, $EB=BD=AH$이므로

$$\frac{AB}{AH}=\frac{EB}{EC}$$

의 형태가 되는 조건 (ⅰ)을 이용한다. 더욱이

$$\sphericalangle BAH=\sphericalangle BEC=\alpha$$

이므로 삼각형 EBC와 삼각형 ABH는 서로 닮은 삼각형이 된다. 따라서 그림에 표시된 각 γ는 2α가 된다. 이것으로부터 γ와 β가 작은 원의 현 AH의 대각이므로 $\gamma=\beta$임을 알 수 있다. 따라서 $\beta=2\alpha$이고 호 AG와 호 ED의 원주각은 4α이다.

그러므로 큰원에 대한 전체 원주각은 14α이고 호 AE의 원주각은 전체의 $\frac{1}{7}$이 되어 큰 원 내에 정칠각형이 그려진다.

위의 (a)에서의 'neusis construction'은 그리스 수학에서만 있었던 것으로서, 그것은 각의 삼등분에서 이용된 방법보다 직관적으로 덜 만족스럽게 느껴진다. 실제로 아르키메데스가 두 개의 삼각형이 언제 동치가 되는가 하는 것을 어떤 방법을 이용하여 제안하였는지는 정확하게 모른다. 아랍어 번역판도 확실하게 어떤 단서도 포착하지 못하고 있다. 그러나 방정식 (i)과 (ii)는 그리스 기하학자들이 널리 사용했던 방법인 두 원뿔곡선을 교차시킴으로써 풀릴 수 있음을 쉽게 알 수 있다.

●─ 문제

3.3 $AB=a$, $AC=x$, $BD=y$로 놓으면 방정식 (i)과 (ii)는 각각

$$(\text{i}) \ y^2=ax, \quad (\text{ii}) \ y=\frac{a^2}{(a-x)}-2a$$

가 됨을 보여라. 만약 (x,y)가 직교좌표(Cartesian coordinate)라면 (i)은 포물선을, (ii)는 쌍곡선을 나타낸다. 두 곡선을 조심스럽게 그려 보고, (i)과 (ii)의 조건에 맞는 해가 오직 하나 존재한다는 것을 보여라.

그리스 수학자들은 그들이 오늘날의 편리한 대수학적 기호를 갖지는 못했지만, 이원 이차 연립방정식의 해를 서로 교차하는 원뿔곡선의 문제로 변환시킬 수 있었다.

6. 〈방법〉에 의한 구의 체적과 표면적

그림 3.9를 점선을 회전축으로 하여 회전시키면 직원기둥 안에 내접되어 있는 반구와 또 그 반구 내에 내접된 원뿔이 만들어지는데 이 세 가지 모양의 체적의 비는 1 : 2 : 3이 된다. 이 우아한 정리는 아르키메데스가 좋아하는 결과 중 한 변형된 형태이다. 그것을 너무나 자랑스럽게 여긴 나머지 그는 묘비에 외접 원기둥과 그들의 비가 2 : 3이 되는 구를 새겨주기를 원하기까지 했다. 그가 소망을 이뤘다는 것을 키케로(Cicero)를 통해 알 수 있다. 기원전 75년에 시실리 섬에 집정관으로 왔을 때 키케로는 오랜 세월 동안 잊혀지고 버려진 아르키메데스의 무덤을 찾아 내어 재건축하였다.

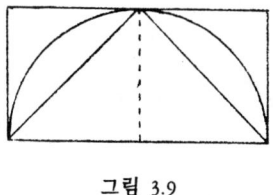

그림 3.9

나무랄 데 없이 엄격한 형태로 이 정리를 증명하는 것은 그의 〈구와 원기둥에 관하여〉의 제1권의 주된 목적 중의 하나이다(또 다른 권은 구의 표면적은 네 개의 큰 원의 면적의 합과 같다는 것을 증명한 것이다). 이 책을 읽는 사람은 경의와 극적인 전환을 통하여 두 개의 최종 목적지로 그를 인도하는 일련의 정리들의 세련됨에 깊은 감명을 받음과 동시에 이런 정리들이 아르키메데스가 처음에 이 결과를 찾아 내고자 시행했던 방법과는 확실히 다르다는 것을 인정하지 않을 수 없을 것이다.

아르키메데스가 이 방법을 기록할 때 단순히 그리스 수학자들의 통상적인 방법 ——가장 빛나는 수학 저술 방법—— 을 따르고 있는데, 그것은 어떤 결과의 타당성을 독자에게 확신시키는 데 목적을 두고 있었을 뿐 새로운 이론을 발견하도록 하는 방법을 가르치기 위한 것은 아니었다.

훗날 그리스 수학자에게서 분석적이고 학습을 돕는(스스로 발견하게 해 주는) 요소의 결여는 수학자들이 새로운 수학적 분석(미분적분학과 그것의 소분야들)을 창출하고자 노력했던 17세기에 무척 아쉽게 여겨졌던 부분이었다. 영국의 수학자 월리스(Wallis, 1616-1703) 같은 이는 그리스 수학자들이 수학의 발견에 대한 방법을 의도적으로 감추려 했다고 믿기까지 했다.

하이베르크가 아르키메데스의 〈방법〉을 발견한 후 월리스의 추론이 완전히 그릇되었다는 것이 입증되었기 때문에, 여기서 발견의 근거의 부족으로 인하여 근대학자들로 하여금 잘못된 결론으로 이르게 하였던 많은 실례 중 하나를 소개한다. 〈방법〉의 목적이 에라토스테네스(Eratosthenes)에게 바치는 서언에 잘 묘사되어 있다. 아르키메데스는 여기에서 부분적으로 다음과 같이 기술하고 있다(히스가 번역한 것임).

…나는 어떤 방법에 대한 특징을 여러분을 위하여 같은 책에서 상세하게 기술하고 설명하는 것이 적절하며 그것은 또한 여러분으로 하여금 역학을 이용한 수학분야에 있는 여러 가지

문제를 연구할 수 있도록 해 줄 것이라고 생각했다. 이러한 과정은 정리들의 증명만큼이나 유용하다고 확신한다. 왜냐하면 언급된 방법에 의한 그들의 연구가 실제적 논증을 제공하지 못하기 때문에, 나중에 기하학을 이용한 보충설명이 필요했을지라도 역학적 방법을 이용함으로써 어떤 상황들을 처음부터 분명하게 이해할 수 있었기 때문이다. 그러나 우리가 그 방법을 이용하여 질문에 관련된 어떤 지식을 미리 획득한 후 증명을 제공하는 것이 사전의 아무런 지식도 없이 증명을 찾아 내려 하는 것보다는 훨씬 수월하다. 이것이 바로 에우독소스(Eudoxus)가 처음으로 증명을 찾아 내었던 정리, 즉 '원뿔은 외접직원기둥의 $\frac{1}{3}$ 부분이고 밑면이 같고 높이도 같은 각기둥의 각뿔과 같다'의 경우에서 비록 그것을 증명하지는 않았지만 그 주장을 최초로 하였던 데모크리토스(Democritus)에게 우리가 조그마한 명예도 주지 않은 이유이다. 나 자신 또한 앞에서 말한 방법으로 얻은 정리의 발견을 최초로 했던 처지이고, 그 방법에 대해서는 이미 언급한 바가 있으며 쓸데없는 말을 지껄였다고 생각되기를 원하지 않지만, 그것이 수학에 기여한다는 것을 확신하므로 부분적으로나마 그 방법을 상세하게 설명하는 것이 필요하다고 생각한다. 왜냐하면 동료나 후배들 중 어떤 이들이 일단 만들어진 방법을 이용하여 부가적으로 다른 이론을 발견해 낼 수도 있다는 것을 믿기 때문이다.

다음으로 아르키메데스를 원뿔, 구, 원기둥(〈방법〉, 정리

2)에 대한 이론으로 인도하였던 역학에 관련된 그의 논증을 소개한다.

우선 그의 이론의 일부는 아르키메데스 이전에 이미 알려져 있음을 말해야 한다. 아르키메데스는 그 스스로 위의 인용문에서 에우독소스가 유클리드 〈원론〉 제12권의 열 번째 명제로 알려진 정리인 '원뿔은 그것의 외접직원기둥의 $\frac{1}{3}$이 된다'는 것을 증명하였다고 말하고 있다(여기서 가장 중요한 예 하나를 가지고 있고, 우리는 〈원론〉의 일부를 유클리드의 선조들에게 돌릴 수 있다). 그러므로 아르키메데스의 연구는 구를 직원기둥이나 원뿔과 관련시키려 한 것이라고 볼 수 있다.

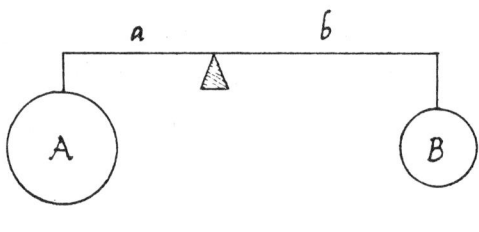

그림 3.10

우리는 지레의 법칙을 필요로 할 것이다. 무게 A와 받침점에서 A가 매달려 있는 힘점까지의 거리인 a와의 곱이 무게 B와 받침점에서 B가 매달려 있는 힘점까지의 거리인 b와의 곱이 같다면, 이 때 지레는 평형상태(그림 3.10 참조)에 놓이며, 기호를 사용하여 나타내면 다음 관계식이 성립한다.

$$A \cdot a = B \cdot b.$$

아르키메데스는 사실상 **모멘트**(moment)라고 하는 양인 $A \cdot a$에 대한 물리학적 설명과 같은 여러 가지 당혹스러운 점을 피하기 위하여 평형에 대한 조건식을

$$\frac{A}{B} = \frac{b}{a}$$

형태로 쓰기를 좋아했다. 이러한 평형조건 식은 〈**평면도형의 평형에 관하여**〉제1권에서 정리 6과 정리 7로 기술되어 있다.

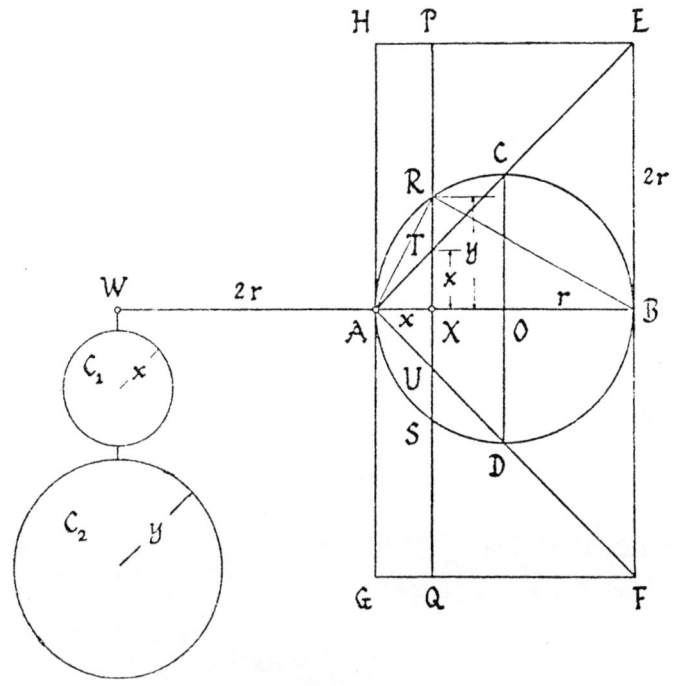

그림 3.11

중심이 O, 반지름이 r인 원에서(그림 3.11 참조) 수직인 두 개의 지름 AB와 CD를 그린다. 선분 AC를 그은 후 점 E까지 연장하면 점 B에서 선분 AB에 수직인 직선과 만나며, 선분 AD를 그은 후에 점 F에서 선분 EF와 교차하도록 연장한다. 그러면 $\angle BAE = \angle BAF = 45°$이므로

$$EB = 2r = BF$$

가 성립한다. 선분 EF상에 높이가 AB인 사각형 $EFGH$를 만든다.

PQ는 선분 AB상의 임의의 점 X를 지나면서 선분 AB에 수직인 선분인데, 그것은 점 R와 S에서 원과, 점 T에서 선분 AE와, 그리고 점 U에서 선분 AF와 교차한다. 이 때

$$XT = x$$

그리고

$$XR = y$$

라 놓으면

$$AX = x$$

가 됨을 알 수 있다.

직각삼각형 AXR로부터

(1) $$x^2 + y^2 = AR^2$$

을 얻을 수 있다. 직각삼각형에서 한 변은 빗변상으로의 그것의

정사영과 빗변 사이의 비례중항이 되므로(제2장 79쪽 참조) 직각삼각형 $ARB(\angle R=90°)$에서

(2) $$AR^2 = x \cdot 2r$$

을 얻을 수 있다. 식 (1)과 식 (2)를 연립하면 다음 관계식을 얻는다.

(3) $$x^2 + y^2 = x \cdot 2r$$

선분 AB는 점 A를 지나

$$WA = 2r$$

가 되도록 점 W까지 연장함으로써 작도를 마무리한다.

이제 선분 WB를 회전축으로 하여 전체를 회전시키면 이 원은 반지름 r인 구를, 삼각형 EAF는 밑면의 반지름 $BE=2r$, 높이가 $AB=2r$인 직원기둥을 각각 만들어 낸다. 회전하는 동안에 임의의 선분 PQ는 반지름 $2r$인 원의 범위 내에서 원기둥과, 반지름이 x인 원 c_1의 범위 내에서 원뿔과, 그리고 반지름이 y인 원 C^2의 범위 내에서 구와 각각 교차하는 한 평면을 형성한다.

식 (3)의 양변을 $(2r)^2$으로 나누면

(4) $$\frac{x^2+y^2}{(2r)^2} = \frac{x}{2r}$$

즉

(5) $$\frac{\pi x^2 + \pi y^2}{\pi (2r)^2} = \frac{x}{2r}$$

를 얻는다. (π를 도입하는 것은 아르키메데스 원본을 다소 변경하는 것인데, 그는 두 원의 면적의 비는 그들의 반지름의 제곱의 비와 같다는 사실에 근거하여 논의하고 있다.)

이제 선분 WB는 점 A가 받침점인 지레로 생각할 수 있고 방정식 (5)는 평형조건으로서 다음과 같은 방법으로 설명할 수 있다. 반지름 $2r$인 원의 면적에 대한 두 원 C_1과 C_2의 면적의 합의 비는 점 A에서 W까지의 거리 $2r$에 대한 점 A에서 점 X까지의 거리인 x의 비와 같다. 다시 말해서 무게가 면적에 비례하는 둥근 원판을 상상한다면 점 W에 매달린 두 개의 원은 점 A를 받침점으로 하는 지레에서 점 X에 매달린 면적 $\pi(2r)^2$의 원과 균형을 유지할 것이다.

만약 선분 PQ에 의해 만들어진 가능한 모든 평면에 따라 절단되어 생긴 원들로 직원기둥, 구와 원뿔을 생각하고, 각 선분 PQ에 대해서 W에 C_1과 C_2를 매어 달면 그 때 원뿔과 구를 만들어 내기 위해 다시 모아진 모든 원 C_1과 C_2는 형성된 직원기둥과 균형을 유지할 것이다. 원기둥의 중력중심(center of gravity)은 O에 존재하므로, 이것을

$$\frac{구 + 원뿔}{원기둥} = \frac{AO}{AW} = \frac{1}{2}$$

또는

$$2(구 + 원뿔) = 원기둥$$

으로 표현하여도 된다. 원기둥은 원뿔의 세 배이므로

$$2 \cdot \text{구} = \text{원뿔 } EAF$$

를 얻는다. 그러나 형태의 크기를 반으로 변형하면, 체적은 $\left(\dfrac{1}{2}\right)^3$ 배가 되므로

$$\text{원뿔 } CAD = \frac{1}{8} \text{ 원뿔 } EAF$$

또는

$$\text{원뿔 } EAF = 8 \cdot \text{원뿔 } CAD$$

를 얻을 수 있다. 따라서

$$\text{구} = 4 \cdot \text{원뿔 } CAD$$

즉, 구는 구 안에서 생각할 수 있는 가장 큰 원을 밑변으로 하고 구의 반지름을 그것의 높이로 하는 원뿔의 네 배와 같다.

구의 체적은 외접하는 직원기둥의 체적의 $\dfrac{2}{3}$가 된다는 것을 보이는 것은 이제 간단한 일이다.

● 문제

3·4 구의 체적은 외접하는 직원기둥의 체적의 $\dfrac{2}{3}$가 된다는 것을 증명하여라.

아르키메데스는 이처럼 근사한 논법에서 더 많은 것을 얻

어 내고 있다. 그는 히스가 번역한 저작에서 다시 말하기를

> 이 이론으로부터 구는 구 안에서 생각할 수 있는 가장 큰 원을 밑면으로 하고 구의 반지름을 높이로 하는 원뿔의 네 배만큼 크다는 것으로부터, 임의의 구의 표면적이 그 내부에 들어 있을 수 있는 가장 큰 원의 면적의 네 배와 같을 것이라고 생각하게 되었다. 왜냐하면 임의의 원의 넓이는 원주와 같은 길이의 밑면을, 원의 반경과 같은 길이의 높이인 삼각형의 면적과 일치한다는 사실로부터 판단해 볼 때, 비슷한 방법에 의하여, 임의의 구의 체적은 구의 표면적과 같은 높이인 원뿔의 체적과 같다는 것을 예측하였던 것이다.

이것은 수학사에서 대담한 유추로 꼽히는 최초의 것이요, 가장 뛰어난 예이며, 이 논법을 자세하게 음미해 보는 것은 가치가 있을 것이다.

밑변의 길이가 b, 높이가 k인 삼각형의 면적은 $b_1+b_2+\cdots+b_k=b$를 만족하는 $b_1, b_2, \cdots, b_k$를 각각 밑변의 길이로 하며, 높이가 공통적으로 k인 삼각형 $\triangle_1, \triangle_2, \cdots, \triangle_k$의 면적의 합으로 표현될 수 있다는 것을 유의하면서 시작한다. 비슷하게, 각뿔(또는 원뿔)의 체적은 높이가 같으며 밑면적들의 합이 주어진 각뿔(또는 원뿔)의 밑면적과 같은 여러 개의 각뿔(또는 원뿔)들의 체적의 합으로 표현할 수 있다.

아르키메데스는 한 원을 꼭지점이 원의 중심에 원주를 따라서 그들의 밑면을 가지고 있는 많은 "삼각형"들로 이루어져

있는 것으로 생각하였다고 믿고 있다. 그들의 높이는 모두 원의 반지름과 같으므로 밑변을 서로 더함으로써 그들의 면적을 더해도 된다. 이와 같이 반지름과 같은 크기를 높이로, 원주와 같은 길이를 밑변으로 하는 삼각형의 면적은 원의 면적과 일치한다. 이것은 실제로 아르키메데스가 위에서 인용한 〈원의 측정〉에서 엄격하게 증명하고 있는 이론이다.

더 나아가 이것은 아르키메데스로 하여금 반지름이 r인 구를 중심에 꼭지점을, 표면에 그들의 밑면을 가지고 있는 많은 "원뿔" 또는 "각뿔"로 이루어진 것으로 생각하게 해 주었다고 믿는다. 이러한 모든 "원뿔"은 높이가 모두 r이므로 밑면적을 모두 더함으로써 그들의 체적의 합을 구해도 된다. 이와 같이 구의 체적은 구의 표면적과 같은 크기의 면적을 밑면으로 하며, 높이가 r인 원뿔의 체적과 같다고 가정하는 것은 이치에 맞는 합당한 일이다. 그러나 구의 체적은 구 내부의 가장 큰 원과 같은 크기의 면적을 밑면으로 하며, 높이가 r인 네 개의 원뿔의 체적의 합과 같으므로, 구는 이런 네 개의 원뿔의 합, 즉 네 개의 가장 큰 원의 면적의 합과 같은 크기의 밑면을 갖고, 높이가 r인 하나의 원뿔의 체적과 같다는 것을 지렛대에 관한 논의에서 이미 알았다. 이와 같이 구는 높이가 r인 두 개의 원뿔 중 어느 하나와 같으며 이 원뿔의 밑면적은 이 때 네 개의 큰 원의 면적의 합과 같아야 하고 구의 표면적은 네 개의 큰 원들의 면적의 합과 같다는 것을 알 수 있다.

아르키메데스가 〈방법〉에 있는 정리 1의 말미에서 언급하였던 것이 여기에 잘 적용된다. 그는 말하기를 이제 여기에 언급된 사실은 이미 사용되었던 논법에 의해 실제로 증명되지는 않지만, 그 논법은 결론이 참이 된다는 일종의 암시를 주었다. 우리는 그 이론이 증명되지 않은 것을 보면서, 동시에 그 결론이 참이라는 것을 어렴풋이 느끼면서, 나 자신이 찾아 내었고 이미 발표까지 하였던 기하학적인 증명에 호소하게 될 것이다.

역학적 과정이 아르키메데스의 까다로운 눈에 증명으로서 받아들여지지 않았던 것은 입체들이 평면절단의 합으로서 생각될 수 있다는 부분이다. 오늘날 우리는 **적분**(integration)이라는 이름으로 그러한 절차에 친밀해졌다. 아르키메데스는 적분이라는 무거운 짐을 직원기둥의 무게중심을 결정하는 문제로 옮기는 데 성공하였으나, 사실 그것은 너무 간단하여 단순한 대칭성의 관찰이면 충분하였다.

수학에 적지 않은 기여를 한 〈방법〉의 서언에 있는 그의 관찰은 진실로 예언적이었다. 그렇지만 이 책은 분실되었기 때문에 17세기 수학자들은 스스로 적분에 대한 이론을 개발해야 했는데, 그 진행과정에서 〈방법〉이 주었을지도 모르는 영향력이라는 것에 대해 추측하고 싶은 유혹이 생긴다. 실제로 그랬던 것처럼 19세기 후반에 이르러서야 비로소 적분론은 아르키메데스의 마음에 들었을 정도의 엄격한 수준에 도달하였다.

아르키메데스의 업적에 대한 이런 조그마한 실례들은 결코 그를 정당화시키고 있는 것은 아니다. 그렇지만 그 예들은 어떤 어려운 문제에 직면할 때 그의 대담성, 능력, 현명함에 대한 약간의 느낌을 받는 데 일조하고 있다. 그의 학문의 전문적 지식에 대하여 올바로 이해하기 위해서는 난해하고 아름다운 결과로 일컬어지는 그의 우아한 이론의 논증들 중 적어도 하나 정도는 잘 알고 있어야 한다.

 프톨레마이오스의 삼각표 작성

1. 프톨레마이오스와 〈알마게스트〉

클라우디우스 프톨레마이오스(Klaudios Ptolemaios) 또는 톨레미(Ptolemy)는 150년경에 알렉산드리아에서 살았고 그 곳에서 연구하였다. 그의 생애에 대한 정확한 날짜와 세부적인 것에 대해서는 알려진 것이 별로 없지만 보통 〈알마게스트〉(Almagest)라는 책으로 미루어 그가 2세기 중반에 생존했었던 것으로 추측된다. 왜냐하면 이 책에서 그는 동일한 사건으로서 증명될 수 있는 천문학적 사건에 대한 자신의 관찰을 인용하고 있기 때문이다.[1]

---

[1] 따라서 〈알마게스트〉의 제4권 6장에서 다음과 같은 것을 읽을 수 있다. "우리가 알렉산드리아에서 매우 주의 깊게 관찰하였던 월식 중에서 선정한 세 개 중 첫번째 월식은 로마 황제 헤드리안(Hadrian) 즉위 17년인 이집트 달인 페이니(Payni)의 20/21

프톨레마이오스는 순수수학 분야에서 연구하였지만 응용수학자로서 유명하다(그렇지만 그가 진지하게 순수수학과 응용수학 사이의 현대적 의미의 구분을 취했을까 하는 것은 의심스럽다). 그의 저서 〈알마게스트〉는 유클리트의 〈원론〉과 아폴로니우스 (Apollonius)의 〈원추곡선론〉(Conics)이 그들 각각의 주제에 대해서 했었던 것처럼 수리천문학에서 똑같은 역할을 했다. 그것은 그보다 앞서 있었던 것들을 완전히 불필요하게 만들어 버렸고, 그래서 그 전의 책들은 실제로 모두 없어져 버렸다. 그러나 유클리드와는 달리 프톨레마이오스는 전임자들이 이루어 놓은 것을 관대하고 정확하게 인정하였기 때문에 프톨레마이오스 이전의 천문학에 대한 우리의 지식은 유클리드 이전의 수학에 대한 지식보다 훨씬 풍부하고 확고하게 남아 있다. 같은 이유로 우리는 프톨레마이오스 업적을 아주 잘 확인할 수 있게 되었다.

수리천문학은 넓은 의미에서 가장 오래 되고 정확한 과학이다. 셀레우쿠스(Seleucid) 시대, 즉 기원전 마지막 3세기의 바빌로니아인들은 이미 천문학적인 현상에 대해 상당 분량의 우수한 예측을 가능하게 해 줄 세련된 도표를 만들었다. 이 도표들이 기하학적인 모형을 인용하지도 않았고 본질적으로 완전

에 일어났고, 두 번째 월식은 자정이 되기 전인 3/4시간 전에 일어났다. 두 번째인 월식은 부분월식이 아닌 완전한 것이었고 그 시간 동안 태양의 위치는 금우중(황소자리)과 거의 $13\frac{1}{4}°$의 각을 이루고 있었으며," 다른 두 개의 월식에 대해서도 거의 비슷하였다. 이 월식은 133년 5월 6일, 그리니치 표준시간으로 22시 7분에 일어났던 것과 동일한 것으로 확인할 수 있다[Lunar Eclipse No. 2071 in v. Oppolzer: Canon of Eclipses(1962년 Dover 출판사가 재출간)].
이것은 인용할 수 있는 많은 예 중에서 하나일 뿐이다.

히 산술적이었다는 것은 바빌로니아 수학에 대해 알고 있는 이들에게는 놀라운 일이 아니다. 또한 그리스 세계에서는 모든 천문학적 문제를 기하학적으로 접근했다는 것도 놀라운 일이 아니다. 참으로 고대 그리스 세계에서 수리천문학의 위치는 에우독소스 이래로 모든 위대한 기하학자들이 천문학적인 문제에 헌신적인 노력을 기울였던 것으로 미루어 짐작된다. 우리는 에우독소스의 뛰어난 장치로부터 〈알마게스트〉에서 보인 프톨레마이오스의 간단하고 우아하며 양적으로도 뛰어난 모형들에 가서야 절정에 이른 그 시점까지의 태양, 달, 행성의 운동에 대한 기하학적 모형의 발전을 확신을 가지고 추적해 낼 수 있다. (이것들의 한 예가 부록에 제시되어 있다.)

프톨레마이오스의 위대한 저작인 '알마게스트'라는 기묘한 명칭은 아마도 "가장 위대한 것(the greastest)"을 의미하는 그리스 낱말(hē megistē)에 대한 아라비아인의 왜곡된 표현으로부터 유래한 것 같다. 프톨레마이오스 자신의 제목은 번역하면 〈수학 모음집〉(The Mathematical Collection)이다. 이 책에서 그는 천문학적 모형뿐만 아니라 천문학에서 필요한 초보적인 기하학을 뛰어넘은 수학적 도구들을 개발하고 있는데, 그 가운데에는 삼각법에 매우 유용한 것도 있다. 〈알마게스트〉는 내용을 전개해 가는 과정이 뛰어난 걸작품이다. 프톨레마이오스는 계산하는 방법과 함께 도표를 제시하고 있으며 그의 모형물의 매개체들은 모두 다 주의 깊게 시행된 관찰에서 생긴 명확한 통찰력으로부터 나온 것이다.

프톨레마이오스의 조그마한 업적 중에서 여러 가지가 우리에게 많은 영향을 끼쳤다. 그들의 주제가 무엇이든지 간에 —— 지질학, 점성학, 화성학(음악 이론) —— 우리는 그의 자료에 대한 방법론적인 배열과 제시에 대한 천재성을 인정하지 않을 수 없다.

〈알마게스트〉는 방대하고 전문적인 저작이다. 더욱이 이 책에 대한 믿을 만한 출판물은 하이베르크가 완성한 그리스 원본과 마니투이스(Manituis)가 독일어로 번역한 것뿐이다. 그래서 〈알마게스트〉는 오늘날 널리 읽혀지지 않고 있다. 그러나 무지는 사람들이 책을 저술하는 데 어떠한 장애도 되지 못한다. 그러므로 프톨레마이오스와 코페르니쿠스 작품 사이의 관계에 대한 통상적인 의견은 프톨레마이오스의 작품이 좀더 뒤떨어진다는 것은 심한 왜곡으로 볼 수 있다. 실제로 〈알마게스트〉의 영향은 결코 과대 평가가 될 수 없다. 다른 책보다도 모든 과학적인 노력에 기본이 되며 자연현상에 대해 아주 신뢰할 만한 예견을 할 수 있도록 해 주고, 수학적 묘사를 가능하도록 하며 바람직스럽게 해 주는 데 크게 기여하였다.

2. 프톨레마이오스의 현표와 그것의 사용

각을 포함하는 기하학적인 문제에 대해 수치해(數値解)를 제공하는 이론을 **삼각법**(trigonometry)이라 하는데 이것은 문자 그대로 **삼각형의 측정**(measurement of triangle)을 의미한다. 프톨레마이오스는 〈알마게스트〉의 제1권 10장과 11장에서 이 주제를 다루고 있다. 11장은 현표(弦表, a table of chords)로 이루어져 있는데 나는 그것의 처음과 끝을 복사하여 그림 4.1에 제시된 표에서처럼 번역하였다. 그리고 10장은 현표가 어떻게 계산되고 작성되었는가에 대한 것을 설명하고 있다. 다음 절에서

Κανόνιον τῶν ἐν κύκλῳ εὐθειῶν			Table of Chords		
περιφε-ρειῶν	εὐθειῶν	ἑξηκοστῶν	arcs	chords	sixtieths
∠'	𝜊 λα κε	𝜊 α β ν	½°	0;31,25	0;1,2,50
α	α β ν	𝜊 α β ν	1°	1;2,50	0;1,2,50
α∠'	α λδ ιε	𝜊 α β ν	1½°	1;34,15	0;1,2,50
β	β ε μ	𝜊 α β ν	2°	2;5,40	0;1,2,50
β∠'	β λς γ	𝜊 α β μη	2½°	2;37,4	0;1,2,48
γ	γ η κη	𝜊 α β μη	3°	3;8,28	0;1,2,48
γ∠'	γ λθ νβ	𝜊 α β μη	3½°	3;39,52	0;1,2,48
δ	δ ια ις	𝜊 α β μς	4°	4;11,16	0;1,2,47
δ∠'	δ μβ λς	𝜊 α β μς	4½°	4;42,40	0;1,2,47
ε	ε ιδ δ	𝜊 α β μς	5°	5;14,4	0;1,2,46
ε∠'	ε με κζ	𝜊 α β με	5½°	5;45,27	0;1,2,45
ς	ς ις μθ	𝜊 α β μδ	6°	6;16,49	0;1,2,44
ς∠'	ς μη ια	𝜊 α β μγ	6½°	6;48,11	0;1,2,43
ζ	ζ ιθ λγ	𝜊 α β μβ	7°	7;19,33	0;1,2,42
ζ∠'	ζ ν νδ	𝜊 α β μα	7½°	7;50,54	0;1,2,41
⋮	⋮	⋮	⋮	⋮	⋮
ροδ∠'	ριθ να μγ	𝜊 𝜊 β νγ	174½°	119;51,43	0;0,2,53
ροε	ριθ νγ ι	𝜊 𝜊 β λς	175°	119;53,10	0;0,2,36
ροε∠'	ριθ νδ κζ	𝜊 𝜊 β κ	175½°	119;54,27	0;0,2,20
ρος	ριθ νε λη	𝜊 𝜊 β γ	176°	119;55,38	0;0,2,3
ρος∠'	ριθ νς λθ	𝜊 𝜊 α μς	176½°	119;56,39	0;0,1,47
ροζ	ριθ νζ λβ	𝜊 𝜊 α λ	177°	119;57,32	0;0,1,30
ροζ∠'	ριθ νη ιη	𝜊 𝜊 α ιδ	177½°	119;58,18	0;0,1,14
ροη	ριθ νη νε	𝜊 𝜊 𝜊 νζ	178°	119;58,55	0;0,0,57
ροη∠'	ριθ νθ κδ	𝜊 𝜊 𝜊 μα	178½°	119;59,24	0;0,0,41
ροθ	ριθ νθ μδ	𝜊 𝜊 𝜊 κε	179°	119;59,44	0;0,0,25
ροθ∠'	ριθ νθ νς	𝜊 𝜊 𝜊 θ	179½°	119;59,56	0;0,0,9
ρπ	ρκ 𝜊 𝜊	𝜊 𝜊 𝜊 𝜊	180°	120;0,0	0;0,0,0

그림 4.1

10장을 심도 있게 고찰할 것이지만 먼저 현표를 주목한다.

수들은 숫자로서 이용되었던 그리스 문자로 씌어졌다. 그리스 문자는 보통 순서에서 1단위, 10단위, 100단위에 대응하는 세 그룹으로 나누어진다(그림 4.2 참조). 고대 그리스 알파벳은 오직 24개의 문자로 이루어졌지만 6, 90, 900과 같은 세 개의 별로 쓸모 없는 기호가 그들의 옛 자리를 지키고 사용되고 있다. 6을 나타내는 문자는 대문자 형태로, 오래된 와우(waw) 또는 다이감마(digamma: F와 비슷한 초기 그리스 문자)인데, 그것이 두 개의 감마(gamma: 그리스 알파벳의 세 번째 문자)와 닮았기 때문에 그렇게 불리고 있다. 6은, 소문자 형태로 스티그마(stigma)라고 하는 기호가 되었고, 그 외에도 두 개의 문자 σ와 γ의 합자 또는 축소를 나타내는 기호가 되었다. 90을 나타내는 문자는 코파(qoppa), 900을 나타내는 문자는 삼피(sampi)라고 불렀다. 1000자리 단위는 왼쪽 아래 모퉁이에 있는 ","를 제외하고는 1단위와 같이 기록되어 있다. 10000을 쓰는 여러 가지 방법이 있지만 그것들은 여기에서 우리와 아직은 관련이 없다. 0에 대한 기호는 그림 4.2의 아래쪽에 두 가지 형태가 있는데, 프톨레마이오스 시대에 기술된 그리스의 파피루스 종이에서 그것을 확인할 수 있다. 그리스의 zero는 o와 같이 생겼고, "무(無, nothing)"를 의미하는 그리스 낱말인 ouden의 약어였다는 통상적인 설이 있는데 이것은 사실이 아니다. 이 zero는 비잔틴 시대에 이르러서야 비로소 발견되었고 프톨레마이오스 시대에 o은 70을 의미하였던 것이다.

그림 4.2의 첫번째 열에서 기호를 한 개 더 찾아낼 수 있는

데, 그것은 아포스트로피(apostrophe)가 있는 각에 대한 기호처럼 보이며 $\frac{1}{2}$을 의미한다. 이것들이 표를 해석하고 풀이하기 위해 알아야 할 것들이다.

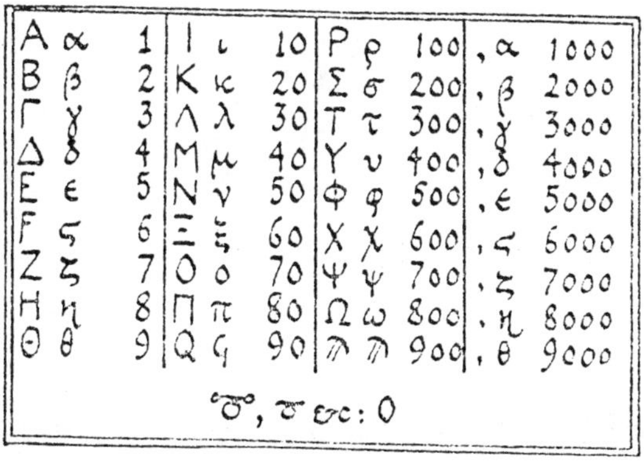

Α	α	1	Ι	ι	10	Ρ	ρ	100		,α	1000
Β	β	2	Κ	κ	20	Σ	σ	200		,β	2000
Γ	γ	3	Λ	λ	30	Τ	τ	300		,γ	3000
Δ	δ	4	Μ	μ	40	Υ	υ	400		,δ	4000
Ε	ε	5	Ν	ν	50	Φ	φ	500		,ε	5000
F	ς	6	Ξ	ξ	60	Χ	χ	600		,ς	6000
Ζ	ζ	7	Ο	ο	70	Ψ	ψ	700		,ζ	7000
Η	η	8	Π	π	80	Ω	ω	800		,η	8000
Θ	θ	9	Q	ϙ	90	ϡ	ϡ	900		,θ	9000

ō, ō oc: 0

그림 4.2

오늘날 사용하는 삼각표는 두 개의 기본적인 함수인 사인과 코사인(sine, cosine)의 각 α에 대응되는 값들의 목록인데, $\sin\alpha$와 $\cos\alpha$로 나타낸다. 그들은 각 α가 빗변의 길이가 1인 직각삼각형의 한 각일 때 각 α의 마주 보는 변과 이웃하는 변으로서 각각 정의된다(그림 4.3 참조). 물론 이 정의는 90°보다 작은 각에 대해서만 성립하지만 우리의 목적을 위해서는 이것으로 충분하다. 위의 두 함수는 독립적이 아니며 피타고라스 정리를 이용하면 다음 관계식이 성립함을 알 수 있다.

$$\sin^2\alpha + \cos^2\alpha = 1.$$

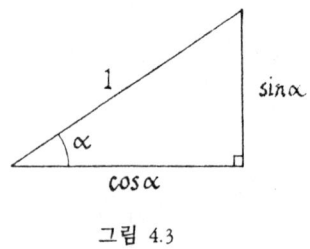

그림 4.3

프톨레마이오스는 이 함수들에 대한 어떠한 일람표도 만들지 않았지만 중심각에 대응하는 현의 길이를 나타내는 현함수(호와 호의 중심각은 서로 일대일 대응관계에 있으므로 앞으로는 혼용해서 쓸것 임) 또는 앞으로 사용할 기호인 crd a에 대한 도표를 만들었다. 그것은 **반지름이 60인 원에서 중심각이 a인 호에 대응하는 현의 길이**로 정의된다(그림 4.4a 참조). 그림 4.4에서 알 수 있듯이

$$\text{crd}\, a = 120 \cdot \sin \frac{a}{2}$$

가 성립하므로 한 각에 대하여 현과 사인(sine) 사이에 간단한 관계가 있음을 알 수 있다.

그림 4.1에서 $\frac{1}{2}°$에서 180°까지 $\frac{1}{2}°$ 간격으로 crd a값을 찾아 낼 수 있다. 프톨레마이오스는 "분수에 대한 불편함 때문에" 60진법으로 현(의 길이)을 나타냈다고 언급하고 있다. 따라서 현표에서

$$\text{crd}\, 4\frac{1}{2}° = 4;42,40$$

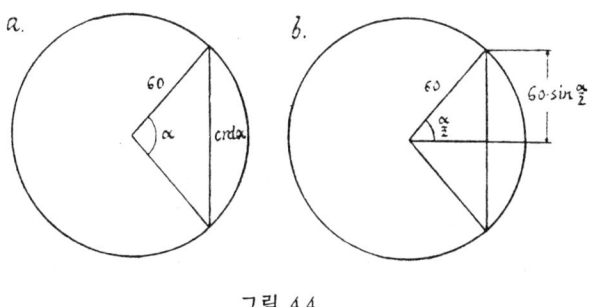

그림 4.4

은 중심각이 $4\frac{1}{2}$인 현으로 반경의 $\frac{4}{60}$ + 반경의 $\frac{42}{60^2}$ + 반경의 $\frac{40}{60^3}$, 즉

$$\operatorname{crd} 4\frac{1}{2}° = 4 + \frac{42}{60} + \frac{40}{60^2}$$

을 의미한다. 여기에서 그리스 숫자로 옮겨 적힌 바빌로니아의 60진법 수 체계를 인정하지 않을 수 없다. 적어도 분수가 관련되는 한 고대의 60진법은 가장 적당한 수 체계였기 때문에 프톨레마이오스는 어렵고 힘들었던 계산을 하자마자 그것을 채택하여 사용하였다는 것은 별로 놀라운 일이 아니다. 그러나 그는 적분 관련 부분을 일반적인 그리스식 형태를 따라 계속하여 썼기 때문에, 빌려 쓰는 데 일관성이 있었던 것은 아니었다. 따라서 우리는 현표에서

$$\operatorname{crd} 177\frac{1}{2}° = 199;58,18$$

를 찾을 수 있고, 또한 119는 $\rho\iota\theta$로 기록된 반면에 일관성이 있었던 바빌로니아인들이었다면 그것을

$$\text{crd}\, 2,57;30° = 1,59;58,18$$

로 기록하였을 것이다. 우리가 120°30′29.2″를 쓸 때, 프톨레마이오스는 적어도 120°30′29″12‴로 나타냈을 터이므로, 도, 분, 초, 1초의 $\frac{1}{60}$을 나타내는 일반적인 표기를 사용하는 데까지도 별로 일관성이 없었다. 서로 다른 문명으로부터 야기되는 요소들의 그러한 혼용은 헬레니즘 문화의 특징이다.[2] 〈알마게스트〉에서 바빌로니아로부터 빌려 썼던 것으로 인정되는 많은 것들을 찾아 낼 수 있으며, 마찬가지로 이집트의 요소들도 확인할 수 있다. 〈알마게스트〉 전체를 통하여 사용된 하루를 24시간으로 분할했던 것은 이집트에 기원을 두고 있으며, 그래서 가끔씩 프톨레마이오스가 $\frac{3}{4}$을 나타내기 위해 0;45를 쓰는 대신에

$$\angle'\delta' = \frac{1}{2} + \frac{1}{4}$$

과 같이, 이집트 형식을 빌어서 분수를 나타내는 경우를 찾아볼 수 있다.[3]

우리가 "60분의 1"이라고 표시했던, 현표의 세 번째 열은 한 줄에서 다음 줄로 넘어갈 때 증가분의 $\frac{1}{30}$을 제시하고 있

---

[2] 헬레니즘이라는 낱말은 보통 지중해 동부에 중심을 둔 그리스 언어 문화권에 적용된, 기원전 323년 알렉산더 대왕 사망에서부터 로마 황제 콘퀘스트(Conquest)에 이르기까지의 시대를 의미하지만, 헬레니즘 문화는 알렉산드리아 시에서 로마시대에까지 오랫동안 잔존하였다.

[3] 이러한 연습의 한 실례는 163쪽의 주석에 있는 인용문에서 찾아볼 수 있는데, 그렇지만 거기서 1/2과 1/4은 말로써 하나하나 설명되어 있다.

다. 한 줄에서 다음 줄로 넘어갈 때 중심각의 차이는 $\frac{1}{2}°$ 또는 30분이므로 세 번째 열은 각 a에서 1분의 상승에 대응하는 crd a값의 평균상승을 제시하고 있다. 1분은 1도의 $\frac{1}{60}$이며 $\frac{1}{60}$은 세 번째 열의 제목이 된다. 이 열은 보간법, 즉 a가 중심각 열에서 두 개의 성분 사이에 있는 각인 경우에 crd a를 찾기 위한 법을 위해 사용된다. 따라서 다음과 같은 방법을 이용하여 crd 6°32′ 또는 crd 6;32°값을 구해도 된다.

$$\text{crd } 6\frac{1}{2}° = 6;48,11$$
$$2 \cdot (0;1,2,43) = \underline{0;\ 2,\ 5,26}$$
$$\text{crd } 6;32° = 6;50,16$$

왜냐하면, crd 6;32°는 1분에 해당되는 증분의 2배만큼이나 crd 6;30°를 초과하기 때문이다. 따라서 한 호의 중심각이 가장 근접한 분(minute)까지 주어질 때 반지름이 60인 원에서 그것의 현의 길이를 찾아낼 수 있다. 역순을 따라, 현표를 이용하여 그것의 현의 길이가 주어진(반경이 60인 원에서) 호를 찾아낼 수 있다.

  이 두 개의 기본적인 연산 ——중심각 a가 주어질 때 crd a를 구하는 것, 또 crd a가 주어질 때 중심각 a를 구하는 것——은 기하학적 문제에 대한 광범위한 해를 수치적으로 풀어내기에 충분하다고 생각한다. 프톨레마이오스가 그러한 수치해를 구하기 위해 사용했던 방법을 분석하는 데 있어서 삼각형을 포함하는 기본적인 문제들에 집중해야 한다. 대부분의 기하학적

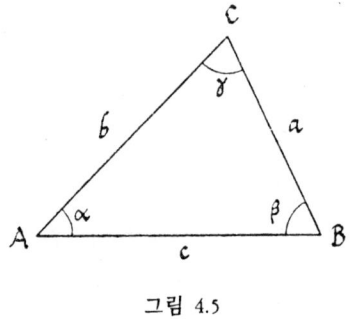

그림 4.5

문제들은 삼각형의 변과 각만을 포함하는 문제로 축약될 수 있으며 이제 보는 것처럼, 이런 것들은 프톨레마이오스의 현표를 가지고 해결할 수 있다.

　삼각형 ABC에서 세 변의 길이가 각각 a, b, c이고 $\angle A = \alpha$, $\angle B = \beta$, $\angle C = \gamma$라고 하자(그림 4.5 참조). 이러한 여섯 개의 수치값을 알고 있을 때 그 삼각형은 "풀린다(solved)"고 말한다. 처음에 세 각의 합이

$$\alpha + \beta + \gamma = 180°$$

가 되므로 두 개의 각을 알고 있다면 나머지 각도 알 수 있다는 것을 주목한다.

　이러한 여섯 개의 양 중에서 세 개의 값이 주어질 때(명백히, 두 개가 각일 때만) 프톨레마이오스의 현표를 가지고 있기만 하면 나머지 세 개의 양을 계산해 낼 수 있다.

　오해를 불러일으킬지 모르나, 프톨레마이오스는 그의 삼각

법적인 과정을 내가 아래에서 시행하는 일반적인 관점에서만큼 논의하지 않았다고 감히 말할 수 있다. 다음의 것들은 〈알마게스트〉에 있는 수많은 구절에서 엄선한 것이다.

I. **직각삼각형**은 다른 모든 경우에 대해 기본이 되므로 가장 먼저 그것을 생각하자.

직각삼각형의 외접원을 작도하면(그림 4.6 참조) 빗변 AB는 지름이 되므로 원의 중심은 AB의 중심인 M이 된다는 사실을 주목하라. 이 때 호 CB의 중심각은 2α가 되므로 지름이 c인 원에서 중심각 2α에 대응하는 현의 길이는 a가 된다. 만약 지름이 120이라면, 중심각이 2α인 현의 길이는 프톨레마이오스에 따르면 $\text{crd}\,2\alpha$가 될 것이므로

$$\frac{\text{crd}\,2\alpha}{120} = \frac{a}{c}$$

를 얻는다. 이와 같이 세 개의 양 α, a, c 중에서 두 개를 알고 있다면 나머지 세 번째 것을 구할 수 있다. 더구나

$$\beta = 90° - \alpha$$

이므로 α로부터 β를 곧바로 구해 낼 수 있고, 피타고라스 정리인

$$b = \sqrt{c^2 - a^2}$$

을 이용하여 a와 c로부터 b를 구할 수 있다.

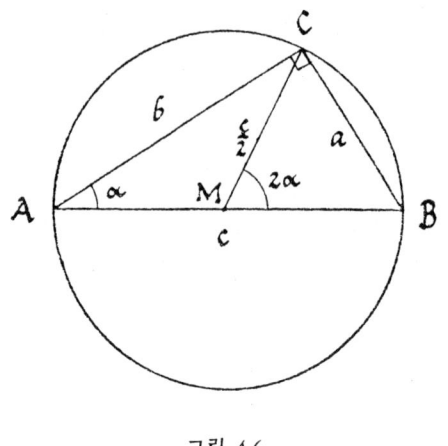

그림 4.6

그러므로 이들 중 두 개를 알고 있고 그들 중 하나가 변이라면 현표를 이용하여 직각삼각형에 있는 모든 변과 각을 구할 수 있다.

II. 한 삼각형에서 주어진 한 각 a와 그것의 이웃하는 변 b, c에 대해서, 나머지 한 변과 두 각을 구해 낼 수 있다는 것을 보여 주고자 한다.

a가 예각이라 하고, 점 C에서 변 c에 수선 h를 내렸을 때 변 c와 만나는 점을 H라고 하자(그림 4.7 참조). 직각삼각형 AHC에서 빗변 b와 각 a를 알고 있으므로 앞의 예에서 보여 준 것처럼 b와 $p = AH$의 크기를 구해 낼 수 있다. 만약 $p < c$ 라고 하면

$$q = c - p$$

를 구할 수 있고, 직각삼각형 BHC에서 두 변 b와 g를 알았으므로 다른 한 변 a와 점 B에서의 각 β를 구할 수 있어 점 C에서의 각은 이제 세 각이 180°라는 사실로부터 쉽게 구할 수 있다. 이 책을 읽는 독자들은 이제 $p \geq c$이고 α가 둔각인 경우를 생각해 보아야 할 것이다.

● 문제

4.1 $p \geq c$일 때, $q = c - p$라 하면 q, a, β를 어떻게 결정할 수 있는지를 보여라.

4.2 α가 둔각일 때, $p = AH$, $q = p + c$라 하면 p, q, a, β를 어떻게 결정할 수 있는지를 보여라.

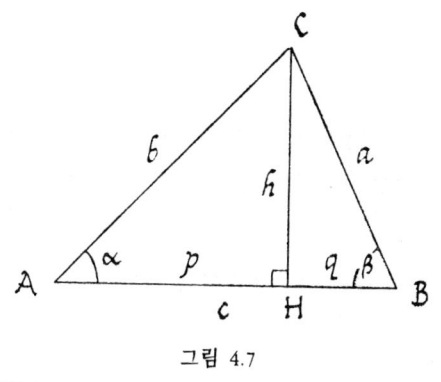

그림 4.7

Ⅲ. 이제 두 개의 각과 한 개의 변, 즉 b가 주어진 경우를 생각한다.

$$\alpha + \beta + \gamma = 180°$$

이므로 곧바로 세 번째 각을 구할 수 있다.

삼각형이 예각삼각형이라고 가정하자. 직각삼각형 ABC에서(그림 4.7 참조) b와 a를 알고 있으므로 직각삼각형 CHB에서 b와 β를 알 수 있고, 또 a와 q를 구할 수 있어 결국

$$c = p + q$$

를 얻는다.

● 문제

4.3 다음의 각 경우에서 유사한 논의를 해 보아라.

(a) α: 둔각　　(b) β: 둔각　　(c) γ: 둔각

IV. 이제 삼각형을 두 개의 직각삼각형으로 분리함으로써 한 각 α와, α에 이웃하고있는 한 변, 그리고 α와 마주 보는 변(대변)이 위에서 언급한 비슷한 방법으로 제시되는 경우를 다루고자 하는데, 독자들이 상세하게 이것을 해 보라. (문제 4.4에 대한 두 개의 서로 다른 해가 존재함을 주목하기 바란다.)

● 문제

4.4 주어진 각 α와 두 변 a와 b에 대해서 c, β, γ를 어떻게 구할 수 있는지를 보이고, 모든 가능성을 생각해 보라.

V. 세 개의 모든 변 a, b, c가 주어지는 경우에 가장 어렵다.

천문학적인 상황에서는 항상 각이 자연스럽게 주어지므로 프톨레마이오스는 이와 같은 문제를 거의 풀지 않았다. 그러나 〈알마게스트〉 제4권 중 일식과 월식에 대해 처리하는 부분인 17장에서, 그는 이런 종류의 문제를 다음과 같은 방법으로 해결하고 있다.

우선 삼각형을 높이에 해당하는 수직선분을 이용하여 두 개의 직각삼각형으로 분리시키고(그림 4.7 참조) 점 H가 A와 B 사이에, 즉 그 수직선분이 삼각형의 내부에 존재한다고 하자. 우리의 목적은 p와 q값을 찾아내는 것이며, p와 q에 대해

$$p + q = c$$

관계가 성립함을 알고 있다. 삼각형 AHC에서

$$h^2 = b^2 - p^2$$

삼각형 BHC에서

$$h^2 = a^2 - q^2$$

을 각각 구할 수 있으므로

$$b^2 - p^2 = a^2 - q^2$$

또는

$$p^2 - q^2 = b^2 - a^2$$

이 성립한다는 것을 알 수 있다. 여기서 $b \geq a$를 가정하고 있다. 만약 $b < a$이면 등식 $q^2 - p^2 = a^2 - b^2$을 이용하여 구하면

된다. 그러나

$$p^2 - q^2 = (p+q)(p-q) = c \cdot (p-q)$$

이므로

$$c \cdot (p-q) = b^2 - a^2$$

또는

$$p - q = \frac{b^2 - a^2}{c}$$

이 된다.

a, b, c는 주어지므로 이제 $p-q$를 쉽게 계산할 수 있고, $p+q$는 알고 있으므로 p와 q를 쉽게 구할 수 있다. 두 개의 직각삼각형으로부터 α와 β를, 따라서 γ도 구할 수 있다.

II-V에서 $a, b, c, \alpha, \beta, \gamma$ 중 서로 독립적인 세 개를 한 쌍으로 모든 경우를 생각했고, 피타고라스 정리 이외에 필요했던 유일한 기본 공식은

$$\frac{a}{c} = \frac{\operatorname{crd} 2\alpha}{120}$$

이었는데, 이것은 I에서 이미 직각삼각형에 대하여 유도된 바 있다.

이것은 α가 주어질 때마다 그것을 두 배 하여 crd 2α값을 조사하고, 이 값을 120으로 나누는 것을 의미한다. 그러나 이

마지막 연산은 아주 더 단순하다. 왜냐하면 120으로 나눈다는 것은 2로 먼저 나누고 난 후 60으로 나누는 것과 같으며, 60진법에서 세미콜론을 왼쪽으로 한 장소 옮김으로써 간단히 60으로 나눌 수 있기 때문이다. 그래서 우리가 해야 할 것은 중심각의 두 배에 대응하는 현의 길이의 절반을 구하는 것이다. 우리는 이런 작업을 아주 자주 시행하므로 수많은 현함수(弦函數) 대신에 중심각의 두 배에 해당하는 반현(half-chord)을 나타내는 새로운 함수에 대한 도표를 작성하는 것이 오히려 합리적일 것이다. 사실 인도 천문학자들이 이미 이런 작업을 하였었다(그들은 바빌로니아와 그리스의 이론 모두에 영향을 받았다).

반현은 산스크리트어로는 지바(jiva)라 불렸다. 이슬람의 천문학자들은 그리스와 인도의 구전(口傳)으로부터 배웠고 그들은 그들의 작품에 반현표를 산스크리트의 이름인 지바를 직접적으로 빌려와 포함시켰다. 히브리에서와 마찬가지로 아랍에서도 사람들은 낱말 중 모음은 빈번히 독자의 몫으로 남기면서 자음만을 기재하곤 했다. 이제 생소한 산스크리트 낱말인 지바는 아랍의 일반적인 낱말인 bay(灣)나 pocket을 의미하는 자이브(jaib)와 같은 종류의 자음을 지니고 있다. 아랍의 천문학 관련 작품들이 라틴어로 번역할 때 아랍어를 알고 있으나, 산스크리트어를 몰랐던 번역가들은 반현표의 제목을 자이브(jaib)로 읽었고, 그것을 bay나 pocket에 해당하는 라틴어 낱말 "sinus"로 전환시켰다는 것은 놀라운 일이 아니다. 이러한 것이 바로 사인함수가 어떻게 하여 그 기묘한 명칭을 가지게 되었는가를 설명해 주며 우리는 실제로 중심각의 두 배에 대응하는 현의 길이의 절반이 본질적으로는 소위 중심각의 사인값을 의미한다는 것을 이미 보았다.

프톨레마이오스는 어떤 일련의 이론들을 이용하여 현표가 작성된 방법을 보여 주고 있는데 그 이론들을 살펴보기 전에 삼각법은 확실히 그의 착상이 아니었다는 것이 언급되어야 한다. 아폴로니우스(기원전 200년)가 이 이론을 능숙하게 사용하였다는 것은 상당히 개연성이 있으며, 히파르쿠스(Hipparchos, 기원전 150년)도 역시 그러하였다는 것은 확실하다. 메넬라우스(Menelaos, 100년)는 구면 삼각법(球面三角法)을 완벽하게 만들었고, 이 주제에 대한 프톨레마이오스의 이론은 그에게 많은 것을 빚진 셈이 되었다. 그러나 프톨레마이오스의 업적은 그 주제에 대한 현존하고 있는 방법론적인 연구 중 최초의 것(그리고 가장 최상의 것)이라는 것은 분명한 사실이다.

3. 프톨레마이오스의 현표 작성

프톨레마이오스의 현표가 어떤 상태로 비춰지고 어떻게 사용되었는지를 우리는 보았다. 나는 이제 이 표가 〈알마게스트〉의 제1권 10장에 있는 자료를 보임으로써 어떻게 만들어졌는가를 내가 이미 유클리드와 아르키메데스에 대한 단원에서 사용한 바 있는 같은 절차를 이용해 세부적으로 설명하고자 한다. 여기서 정리, 증명, 배열 순서는 프톨레마이오스의 몫이고, 용어와 기호는 나의 몫이다.

기호의 몫 의미: 길이가 원둘레의 $\frac{1}{n}$인 현을 C_n으로 나타내는 것이 편리할 것이다. 만약 반지름이 60이면

$$C_n = \mathrm{crd}\,\frac{360°}{n}$$

가 된다.

중심이 D인 원에서(그림 4.8 참조) 지름 AC에 수선 선분 BD를 내린다. 선분 DC는 점 E에서 이등분되고 EB와 길이가 같은 선분 EF는 선분 EA상에 놓여 있다. 프톨레마이오스는 이 때

(i) $DF = C_{10}$ (ii) $BF = C_5$

를 주장하고 있다.

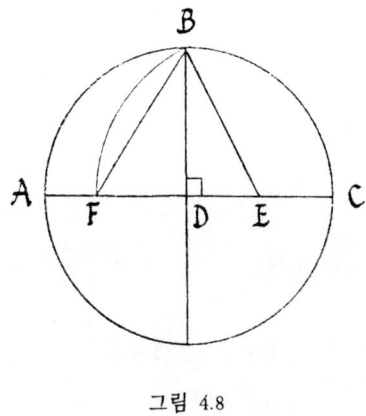

그림 4.8

우리는 제2장에서 10각형의 변에 대한 작도를 알아보았고, 그래서 (ⅰ)은 명백하며 제2장의 문제 2.1의 해는 관계식 (ⅱ)를 줄 것이다. 프톨레마이오스는 〈원론〉 제13권 10번째 명제인

$$C_5{}^2 = C_6{}^2 + C_{10}{}^2$$

을 인용하고 있는데, 이 식은 C_6가 원의 반지름과 일치하므로 관계식 (ⅱ)와 같은 종류이다.

프톨레마이오스는 이제 C_{10}과 C_5를 다음과 같은 과정을 통하여 계산하였다. 지름이 120이면

$$DE = 30, \quad DB = 60$$

이 되므로

$$EB^2 = 30^2 + 60^2 = 4500, \quad EB = 67;4,55$$

가 되어

$$FD = FE - DE = EB - DE = 67;4,55 - 30 = 37;4,55 = C_{10}$$

따라서 C_{10}값은 다음과 같다.

(1) $\qquad C_{10} = \text{crd } 36° = 37;4,55$

또한 $FD = 37;4,55$이므로

$$FD^2 = 1375;4,15$$
$$DB^2 = 3600$$

이 되고, 그래서

$$FD^2 + DB^2 = BF^2 = 4975;4,15$$

따라서

$$BF = 70;32,3 = C_5$$

그러므로 다음과 같은 관계식을 얻는다.

(2) $\qquad C_5 = \text{crd}\, 72° = 70;32,3$

이제 표에 대한 두 개의 성분을 가지게 되었다. C_6는 반지름이 므로

(3) $\qquad C_6 = \text{crd}\, 60° = 60$

은 명백하다.

그림 4.9를 참조해 보면

$$C_4^2 = 2 \cdot r^2 = 2 \cdot 60^2 = 7200$$

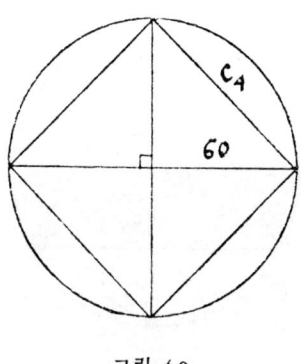

그림 4.9

즉

$$C_4 = 84;51,10$$

이 성립되는 것을 쉽게 알 수 있으므로 관계식

(4) $\quad C_4 = \mathrm{crd}\, 90° = 84;51,10$

을 얻는다.

이것은 $\sqrt{2}$ 에 대한 프톨레마이오스의 값이 1;24,51,10임을 의미하고 있는데, 우연하게도 이것은 제1장에 있는 고대 바빌로니아의 점토판에서 발견하였던 것과 같은 것이다. 프톨레마이오스는 매우 자주 시행하였던 연산인 어떤 수의 제곱근을 구하는 방법을 사람들이 모두 알고 있다고 생각했던 것 같다. 우리는 그가 사용하였던 여러 가지 방법 중 어느 것에 대해서도 확실하게 아는 바가 없다.

그림 4.10으로부터

$$C_3{}^2 + C_6 = 4r^2$$

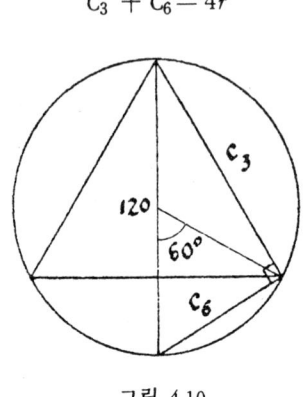

그림 4.10

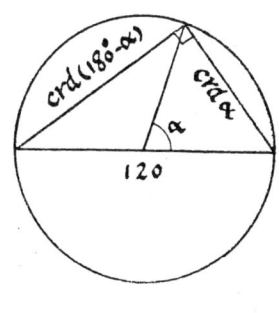

그림 4.11

또는

$$C_3{}^2 = 3r^2 = 10800, \qquad C_3 = 103;55,23$$

을 얻을 수 있어

(5) $\qquad C_3 = \mathrm{crd}\, 120° = 103;55,23$

을 구할 수 있으며, 이것은 $\sqrt{3}$ 에 대한 프톨레마이오스의 값이 1;43,55,23임을 의미한다.

한 중심각에 대한 현의 길이를 알고 있다면 그것의 보각에 대한 현의 길이를 다음과 같이 구할 수 있다(그림 4.11 참조).

$$\mathrm{crd}\,(180° - \alpha) = \sqrt{(2r)^2 - \mathrm{crd}^2 \alpha} = \sqrt{14400 - \mathrm{crd}^2 \alpha}.$$

프톨레마이오스는 다음과 같은 예를 들어 설명하고 있다.

$$\mathrm{crd}\, 144° = \sqrt{14400 - \mathrm{crd}^2 36°} = \sqrt{14400 - 1375;4,15}$$
$$= \sqrt{13024;55,45} = 114;7,37$$

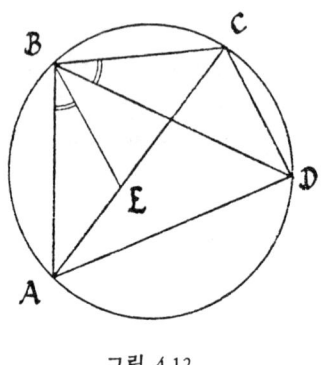

그림 4.12

그러므로

(6) $\qquad$ crd $144° = 114;7,37$

이 된다.
 이렇게 직접적으로 구한 현들로부터 다음 정리를 이용하여 표에 기재되어 있는 모든 성분을 이끌어 낼 수 있다.

 만약 $ABCD$ 가 내접사변형이라고 하면 그 때 마주 보는 변들의 곱의 합은 두 대각선의 곱과 같으며 기호로 나타내면 다음과 같다(그림 4.12 참조).

$$AB \cdot CD + BC \cdot AD = AC \cdot BD.$$

 이것을 증명하기 위해 대각선 AC 상에 $\angle ABE = \angle DBC$ 가 되도록 점 E 를 잡는다. 이 때 $\angle CBE = \angle ABD$ 이고 $\angle BCA = \angle BDA$(같은 호에 대한 원주각이므로)이므로 삼각형 BCE 와 삼각

형 BDA는 서로 닮았다는 것을 알 수 있다. 따라서

$$\frac{BC}{CE}=\frac{BD}{AD}$$

즉

(ⅰ) $\qquad AD \cdot BC = CE \cdot BD$

또한 ∢ABE = ∢DBC이고 ∢BAC = ∢BDC(같은 호에 대한 원주각이므로)이므로 삼각형 BAE와 삼각형 BDC가 닮았다는 것을 알 수 있다. 그러므로

$$\frac{AB}{BD}=\frac{AE}{CD}$$

즉

(ⅱ) $\qquad AD \cdot CD = AE \cdot BD$

식 (ⅰ)과 (ⅱ)를 더하면

$$AD \cdot BC + AB \cdot CD = CE \cdot BD + AE \cdot BD$$
$$= BD \cdot (CE + AE)$$
$$= BD \cdot AC$$

가 되어 정리가 증명되었다.

이 정리는 프톨레마이오스 시대보다 훨씬 이전에 발견되었다는 것이 확실하지만, 흔히 **프톨레마이오스 정리**라고 부른다. 그것은 초등학교 과정에서 가끔 증명되기도 하는데 그 자연스

러운 배경을 없애면 이상스럽게도 이렇다 할 동기가 없는 것처럼 보인다. 이제 그것의 적절한 목적이 무엇인지를 알아보자.

프톨레마이오스는 이제 주어진 두 개의 호와 그것에 대응하는 현들에 대하여 중심각의 차에 대한 현의 길이를 각각의 중심각에 대한 현의 길이의 관계로 구해 낼 수 있다는 것을 증명하고 있다.

그림 4.13에서 AB와 AC가 주어질 때 BC를 구할 수 있다는 것을 보이고자 한다. 지름 AD를 그린 후 그림에서처럼 보호(補弧, supplementary arc)인 BD와 CD에 대응하는 현들을 생각하면 프톨레마이오스 정리에 의해

$$AB \cdot CD + BC \cdot AD = AC \cdot BD$$

를 얻을 수 있다.

$AD = 120$이므로 윗식에 대입하면

$$120 \cdot BC = AC \cdot BD - AB \cdot CD$$

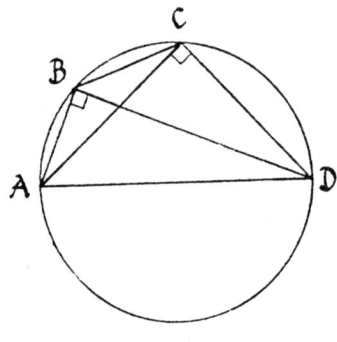

그림 4.13

오른쪽의 모든 항은 이미 알고 있는 것들이므로 BC를 구할 수 있다. 호 AB와 AC의 중심각을 각각 α, β라고 하면 이 결과를

(7) $\quad 120\,\text{crd}\,(\beta - \alpha) = \text{crd}\,\beta\,\text{crd}\,(180 - \alpha) - \text{crd}\,\alpha\,\text{crd}\,(180 - \beta)$

와 같은 형태로 쓸 수 있는데, 이것은 공식

$$\sin(\beta - \alpha) = \sin\beta\,\cos\alpha - \sin\alpha\,\cos\beta$$

을 강하게 생각나게 한다.

그는 또한 $\text{crd}\,72°$와 $\text{crd}\,60°$을 이용하여

$$\text{crd}\,12° = \text{crd}\,(72° - 60°)$$

를 구할 수 있다고 주장한다.

다음으로 그는 주어진 호에 대응하는 현에 대하여 주어진 호의 절반에 대응하는 현의 길이를 구하는 방법을 보여 준다.

그림 4.14에서 현 BC가 주어졌다고 하자. 점 C를 지나는 지름 AC를 그리고, D를 호 BC의 중점이라고 한 후 D에서 AC상에 수선 DF를 내린다.

이제 우리는 현 DC를 찾아내고자 한다. 이것을 하기 위해 먼저 DC의 AC상에 대한 정사영인 FC는 $\frac{1}{2}(AC - AB)$와 같다는 것을 밝혀야 한다 $AE = AB$ 되도록 점 E를 AC상에 잡으면 합동인 두 삼각형 BAD와 EAD를 얻는다. 왜냐하면, 점 A에서 각들은 같고(점 D는 호 BC를 2등분하므로), AD가 공통이기 때문이다. 따라서

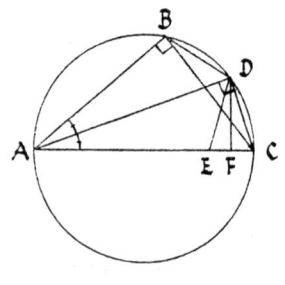

그림 4.14

$$DE = BD$$

그러나

$$BD = DC \text{ 이므로 } DE = DC$$

가 되어 삼각형 EDC는 이등변 삼각형이 된다. 따라서 이등변 삼각형의 높이인 DF는 중선이 되어

$$EF = FC$$

가 되며,

$$FC = \frac{1}{2}(AC - AE) = \frac{1}{2}(AC - AB)$$

가 성립하므로 우리가 보이고자 했던 중간 단계의 결과를 증명한 셈이다.

이제 $AC = 120$이고 AB는 호 BC의 중심각의 보각에 대한 현으로 구할 수 있으므로 FC를 계산할 수 있다.

DC를 구할 수 있다는 것을 보이기 위하여 삼각형 ACD에
직각 삼각형에서 한 변은 그것의 빗변상으로의 정사영과 빗변
전체 사이의 비례중항이 된다는 정리를 이용하여

$$DC^2 = AC \cdot FC = 120 \cdot FC = \frac{120 \cdot 1}{2}(AC - AB)$$

를 얻는다.

　　주어진 호의 중심각을 α라고 하면 위의 결과를

(8) $$\text{crd}^2 \frac{\alpha}{2} = 120 \cdot \frac{1}{2}(120 - \text{crd}(180° - \alpha))$$
$$= 60 \cdot (120 - \text{crd}(180° - \alpha))$$

와 같은 형태로 쓸 수 있는데, 이것은 반각공식인

$$\sin^2 \frac{\alpha}{2} = \frac{1}{2}(1 - \cos \alpha)$$

을 상기시켜 준다.

　　$\text{crd}\, 12°$로 시작하여, 위의 순서를 반복해서 사용하면 $\text{crd}\, 6°$, $\text{crd}\, 3°$, $\text{crd}\, 1\frac{1}{2}°$, $\text{crd}\, \frac{3}{4}°$ 등을 구할 수 있다고 프톨레마이오스는 지적하고 있으며, 실제로

$$\text{crd}\, 1\frac{1}{2}° = 1;34,15$$

$$\text{crd}\, \frac{3}{4}° = 0;47,8$$

이 된다.

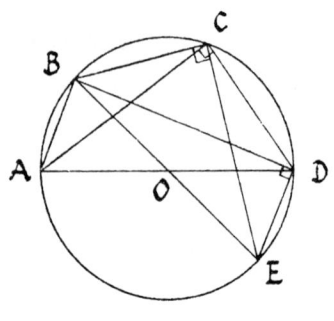

그림 4.15

이렇게 작은 각에 대해서도 현의 길이를 구할 수 있으므로, 현에 대한 덧셈공식을 가지고 있기만 하면 이제 대칭적인, 예를 들면 $1\frac{1}{2}°$의 간격을 갖는 현표를 작성할 수 있다. 정확하게 이것이 프톨레마이오스가 다음에 보이고자 하는 것이며 그는 주어진 두 개의 현에 대해서 두 중심각의 합에 대응하는 현의 길이를 구할 수 있다는 것을 보여 준다.

이제 AB와 BC를 주어진 현이라고 할 때(그림 4.15 참조) AC를 구해 보자. 우선 지름 AD와 BE를 그리고 그림에서처럼 점들을 연결하자.

이 때 주어진 호의 중심각의 보각에 대한 현, 즉 BD와 CE를 찾을 수 있고, 여기서 $DE = AB$임을 주목하라. 프톨레마이오스의 정리를 사변형 $BCDE$에 적용하면

$$BD \cdot CE = BC \cdot DE + BE \cdot CD$$

즉

$$BE \cdot CD = BD \cdot CE - BC \cdot DE$$

를 얻는다. 그러나 $BE = 120$, $DE = AB$이므로

$$120 \cdot CD = BD \cdot CE - BC \cdot AB$$

가 성립함을 알 수 있다. 오른쪽에 있는 항은 알고 있는 것들이므로 CD를 구할 수 있고, 따라서 AC도 구할 수 있다.

주어진 호의 중심각을 각각 α, β라고 하면 이 결과를

(9) $\quad 120 \cdot \text{crd}(180° - (\alpha + \beta))$
$$= \text{crd}(180° - \alpha) \cdot \text{crd}(180° - \beta) - \text{crd}\,\alpha \cdot \text{crd}\,\beta$$

형태로 쓸 수 있는데, 이 형태는 덧셈공식

$$\cos(\alpha + \beta) = \cos\alpha\cos\beta - \sin\alpha\sin\beta$$

의 다른 한 쪽이 된다.

프톨레마이오스 정리의 실제적인 내용을 보았다. 그것은 내접사변형에 대한 그저 기발하고 신기한 결과가 아니라, 정확히 삼각함수의 덧셈정리에 대한 그리스 공식인 것이다. 이제

$$\text{crd}\,4\frac{1}{2}° = \text{crd}\left(3° + 1\frac{1}{2}°\right)$$

$$\text{crd}\,6° = \text{crd}\left(4\frac{1}{2}° + 1\frac{1}{2}°\right)$$

등을 구할 수 있는 위치에 와 있다. 그러나 프톨레마이오스는 그의 현표에서 목록의 성분을 $\frac{1}{2}°$ 간격으로 유지하고 싶어했기 때문에 $1\frac{1}{2}°$, $3°$, $4\frac{1}{2}°$, $6°$, $7\frac{1}{2}°$, ⋯ 열 사이에 있는 틈을 채울

필요가 있으며, 우리가 $\mathrm{crd}\dfrac{1}{2}$를 알 수만 있다면 덧셈과 뺄셈 공식에 의해 이러한 작업을 할 수 있을 것이다.

프톨레마이오스의 순서와 비슷한 방법으로, 이미 알고 있는 $\mathrm{crd}\, 1\dfrac{1}{2}°$로부터 $\mathrm{crd}\,\dfrac{1}{2}°$을 구하기 위하여, $1\dfrac{1}{2}°$는 $\dfrac{1}{2}°$의 3배이므로 $\mathrm{crd}\,\alpha$와 $\mathrm{crd}\,3\alpha$ 사이의 관계를 알아야 할 필요가 있다. 우리는 그러한 관계를 등식

$$\sin 3\alpha = 3\sin\alpha - 4\sin^2\alpha$$

이나 프톨레마이오스의 크기를 가지고 현에 대해 변환된 식

$$\frac{1}{120}\cdot \mathrm{crd}\,6\alpha = \frac{3}{120}\cdot \mathrm{crd}\,2\alpha - \frac{4}{120^3}\mathrm{crd}^3\,2\alpha$$

즉

(ⅰ) $$\mathrm{crd}\,3\beta = 3\,\mathrm{crd}\,\beta - \frac{1}{60^2}\cdot \mathrm{crd}^3\,\beta$$

을 얻을 수 있다. 그래서 $\mathrm{crd}\,3\beta$가 주어지면, $\mathrm{crd}\,\beta$를 구하기 위하여 삼차 방정식을 풀어야 한다. 이것은 사실 훨씬 뒤에 페르시아 천문학자 알-카시(Al-Kashi, 1429)에 의해서 행해졌는데, 그는 삼등분 관련 방정식을 풀기 위해 자신 스스로 고안한 기발한 방법으로 $\sin 1° \sim \sin 3°$ 값을 구하였다. 그러나 프톨레마이오스는 어떤 어려움 때문에 다른 방법을 찾게 되었고, 〈알마게스트〉에서 관계식 (ⅰ)뿐만 아니라 (ⅰ)과 동치가 되는 어떠한 것도 이끌어 내지 않았다. 그러나 그가 이러한 접근을 한 가능성으로서 시도하고 개발했다는 것은 분명하다. 왜냐하면

crd$\frac{1}{2}$°값을 구해야 하는 필요성을 설명하면서 그는 "그러나 예를 들면 $1\frac{1}{2}$°에 대응하는 현이 주어질 때 기하학적인 작도에 의해 이 중심각의 $\frac{1}{3}$에 해당하는 현을 구할 수 없다"고 말하고 있기 때문이다.

"기하학적인 작도에 의해"라는 표현은 문자 그대로 그리스어로 "직선(또는 곡선)에 의해"를 의미한다. 우리는 프톨레마이오스가 직면하였던 난처한 문제에 대한 실체를 보았지만, 이 구절의 정확한 의미는 완전하게는 해석되지 않는다. 그것은 각의 삼등분은 컴퍼스와 자를 이용하여 실행할 수 없다는 것을 의미할지도 모른다. 왜냐하면 이 작업은 제곱근을 구해야 하는 아주 힘든 계산과정이 따르기 때문이다(이것은 아주 간단하게 입증될 수 있다). 그러나 아르키메데스에 대한 단원에서 보았듯이 다른 도구를 포함하는 기하학적 작도를 이용하면 임의의 각을 삼등분하는 것은 가능하다.

그 문제에서 "직선에 의해" 해결될 수 없다는 주장은 그것은 "평면"이 아니라는 것을 의미하는 것으로 해석하여도 괜찮으며, 이런 관계로 미루어 보아 그것은 이차보다도 큰 수의 방정식으로 이르게 한다는 것을 의미하는 것 같다("입방체"는 평면의 형태가 아니지만 "정사각형"은 평면의 형태이다). 이러한 해석은 나에게는 더 그럴듯하게 느껴진다. 왜냐하면 히파르쿠스가 평면에서 구의 문제를 해결할 수 있다고 말하면서 "직선에 의해"라는 동일한 낱말을 사용하고 있는 것으로 미루어 짐작되기 때문이다.

프톨레마이오스는 삼차 방정식을 해결할 수는 없었지만 다행히도 그는 $\text{crd}\,\frac{1}{2}°$를 구할 필요가 없었다. 예컨대 우리는 앞에서 다음 두 값을 찾았었다.

$$\text{crd}\,1\frac{1}{2}° = 1;34,15, \qquad \text{crd}\,\frac{3}{4}° = 0;47,8$$

그러면 $\text{crd}\,\frac{3}{4}°$는 대략적으로 $\text{crd}\,\frac{1}{2}°$의 절반이고 $\frac{3}{4}°$는 $1\frac{1}{2}°$의 절반이므로, $1°$가 $1\frac{1}{2}°$의 $\frac{2}{3}$인 것처럼 $\text{crd}\,1°$도 $\text{crd}\,\frac{1}{2}°$의 $\frac{2}{3}$가 될 것이라고 추측하는 것은 이치에 맞을는지도 모른다. 이러한 생각은

$$\text{crd}\,1° = \frac{2}{3} \cdot 1;34,15 = 1;2,50$$

의 결과를 가져온다.

● 문 제

4·5 근사값

$$\text{crd}\,\frac{\beta}{2} = \frac{1}{2}\,\text{crd}\,\beta$$

는 $\beta = 1\frac{1}{2}°$에 대해서는 60진법의 두 자리까지 정확하지만 더 큰 β에 대해서는 정확하지 않음을 보여라. 예를 들면, $\frac{1}{2}C_6 = \frac{1}{2}\text{crd}\,60°$를 계산하고 그것을 반각공식 (8)을 이용하여 구한 값

$$C_{12} = \text{crd}\,30° = \text{crd}\,\frac{60°}{2}$$

와 비교해 보아라.

우리가 프톨레마이오스의 현표에서 찾을 수 있는 현 1°에 대한 값은 사실상 1;2,50이다. 프톨레마이오스는 우리가 그랬던 것처럼 단지 추측에 의해서 이 값을 찾았을지도 모르지만, 그는 이치에 맞는 것 같은 어떤 추측에 대해 만족해 하지 않았다. 그는 값의 정확도가 어떠한 의심 없이 명확하게 확립되어야 한다는 것을 요구하였고 이것을 성취하기 위해 다음 정리를 증명하였다.

두 개의 서로 다른 현 $\alpha, \beta\,(\alpha > \beta)$가 주어질 때,

$$\frac{\operatorname{crd} \alpha}{\operatorname{crd} \beta} < \frac{\alpha}{\beta}$$

가 **성립한다**(전처럼, 호의 중심각이 180° 미만인 경우만 생각한다).

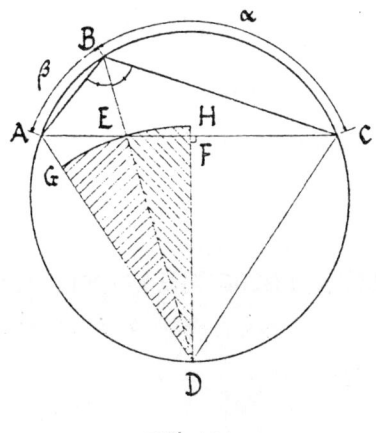

그림 4.16

그림 4.16에서 두 호는 $AB < BC$ 관계에 있는 두 현 AB와 BC에 의해 결정된 것이다. 이제 관계식

$$\frac{BC}{AB} < \frac{\text{호 } BC}{\text{호 } AB}$$

를 증명한다.

우선 B에서 각을 이등분하고, 그 이등분선 BE(AC상의 점 E)를 원상의 점 D에서 원과 만날 때까지 연장하면 AD와 DC는 같은 크기의 각들에 대한 대변이므로

$$AD = DC$$

가 된다. 삼각형 내의 한 각의 이등분선이 마주 보는 변을 이웃하는 변에 비례하는 부분으로 절단한다는 정리가 있다(유클리드 VI, 3). 그 정리를 삼각형 ABC에 적용하여 관계식

(ⅰ) $$\frac{AE}{EC} = \frac{AB}{BC}$$

을 얻을 수 있는데 나중에 이 관계식을 사용할 것이다. 지금 필요로 하는 것은 부등식

$$AE < EC$$

인데, AB와 BC는 $AB < BC$ 되도록 주어졌으므로 (ⅰ)로부터 이 부등식이 나온다. 이제 D에서 AC에 수선 DF를 내리고 F가 AC의 중점이라고 하면

$$AD > ED > FD$$

이다. 따라서 중심이 D이고 반지름이 ED인 원은 선분 AD를 A와 D 사이의 점 G에서 자르고 DF의 연장선상의 H를 자른다. 그러므로 두 개의 빗금친 부채꼴 모양을 생각할 때,

$$\text{부채꼴 } DEH > \text{삼각형 } DEF$$

이고

$$\text{부채꼴 } DEG < \text{삼각형 } DEA$$

인 관계를 알 수 있으므로 다음과 같은 부등식

(ⅱ) $$\frac{\text{삼각형 } DEF}{\text{삼각형 } DEA} < \frac{\text{부채꼴 } DEH}{\text{부채꼴 } DEG}$$

를 이끌어 낼 수 있다.

 이제 두 개의 삼각형이 공통된 높이 DF를 가지므로 그들 면적의 비는 밑변의 비와 같다. 그러므로 부등식 (ⅱ)의 왼쪽 항은 EF/EA로 대체할 수 있고 더욱이 원의 부채꼴 면적은 대응하는 중심각의 비와 같으므로 (ⅱ)의 우측 항은 $\angle EDH/\angle EDG$로 대체할 수 있다. 따라서 부등식

$$\frac{EF}{EA} < \frac{\angle EDH}{\angle EDG}$$

를 얻고 이것으로부터(부등식의 양변에 1을 더함으로써)

$$\frac{EF+EA}{EA} < \frac{\angle EDH + \angle EDG}{\angle EDG}$$

즉

$$\frac{AF}{EA} < \frac{\measuredangle GDH}{\measuredangle EDH}$$

를 얻는다. 따라서

$$\frac{2AF}{EA} < \frac{2\measuredangle GDH}{\measuredangle EDG}$$

즉

$$\frac{AC}{EA} < \frac{\measuredangle ADC}{\measuredangle EDG}$$

가 성립하고 이 부등식의 양변에서 1을 빼면

$$\frac{AC - EA}{EA} < \frac{\measuredangle ADC - \measuredangle EDG}{\measuredangle EDG}$$

즉

(iii) $$\frac{EC}{EA} < \frac{\measuredangle CDE}{\measuredangle EDG}$$

가 된다.

 (i)과 원 안에서의 한 각은 그것이 끼고 있는 호의 중심각의 절반이라는 사실을 이용하면 (iii)을

$$\frac{BC}{AB} < \frac{\text{호 } BC}{\text{호 } AB}$$

형태로 바꾸어 쓸 수 있어 증명이 끝나는 셈이다.

프톨레마이오스는 이 이론을 다음의 두 가지 경우에 적용하고 있다.

1. $\alpha = 1\frac{1}{2}°$, $\beta = 1°$;   2. $\alpha = 1°$, $\beta = \frac{3}{4}°$

첫번째 경우에서 부등식 관계

$$\frac{\operatorname{crd} 1\frac{1}{2}°}{\operatorname{crd} 1°} < \frac{1\frac{1}{2}}{1} = \frac{3}{2}$$

을 구하여

$$\operatorname{crd} 1° > \frac{2}{3} \cdot \operatorname{crd} 1\frac{1}{2}° = \frac{2}{3} \cdot 1;34,15 = 1;2,50$$

을 이끌어 내었고, 두 번째 경우에서 부등식 관계

$$\frac{\operatorname{crd} 1°}{\operatorname{crd} \frac{3}{4}°} < \frac{1}{\left(\frac{3}{4}\right)} = \frac{4}{3}$$

를 구하여

$$\operatorname{crd} 1° < \frac{4}{3} \cdot \operatorname{crd} \frac{3}{4}° = \frac{4}{3} \cdot 0;47,8 = 1;2,50$$

을 이끌어 내었다.

프톨레마이오스는 crd 1°는 1;2,50보다 더 크기도 하고 작기도 하기 때문에 그것은 1;2,50와 같음에 틀림없다고 결론을 내렸고, 이것과 식 (8)에 의하여

$$\operatorname{crd} \frac{1}{2}° = 0;31,25$$

를 얻었다. 그는 이제 $\frac{1}{2}°$ 간격으로 현표를 작성할 수 있게 된 것이다.

● 문제

4.6 200쪽에서 사용하였던 정리(유클리드 VI, 3), 즉 삼각형 ABC 에서 ∢A의 이등분선 AE는 변 BC를 $BE/EC = AB/AC$를 만족하는 작은 선분 BE와 EC로 나눈다는 정리를 증명하라.

4.7 crd 1°에 대한 프톨레마이오스의 값, 즉 crd 1° = 1;2,50으로부터 내접하는 360다각형의 둘레를 구하고 π에 대한 60진법 근사값을 구하라. 이 수를 십진법으로 변환하고 그것을 π에 대한 우리의 값, 아르키메데스의 근사값

$$3\frac{10}{71} < \pi < 3\frac{10}{70}$$

등과 비교해 보라. crd 1°에 대한 프톨레마이오스의 값은 너무 큰가, 너무 작은가?

우연히도 알-카시(1429년)는 ──내가 그의 삼등분 관련 방정식의 해에 대해 위에서 이미 언급한 바 있던── 다음과 같은 근사값을 구했다.[4]

$$2\pi \sim 6;16,59,28,1,34,51,46,14,50$$
$$\sim 6,2831853071795865$$

---

[4] P. Luckey, *Der Lehrbrief über den Kreisumfang. von… Al-Kāshī*, Abh. d. deutchen Akad. d. Wiss. zu Berlin, 1953.

> 이것들은 소수 16자리까지 정확하다. 그는 10진분수(decimal fraction)를 자신의 발명이라고 주장하였으므로 60진법 표현과 10진법 표현 모두를 제시하였다[스테빈(Simon Stevin, 1548-1620)은 서구에서 10진분수의 소개로 존경받았다]. 알-카시는 정삼각형의 변을 가지고 반각공식을 28번 적용하면서, 내접하는 정 $3 \cdot 2^{28} = 805,306,368$ 각형과 외접하는 정 $3 \cdot 2^{28}$ 각형의 길이를 구함으로써 이러한 놀라운 위업을 달성하였다.

그리스 수학이 전적으로 기하학적이라는 선입관은 아주 옳지 않다는 것을 이 단원을 읽는 사람이면 모두 느낄 것이다. 그리스 수학자들은 그들이 계산을 해야 할 때 수치작업을 완벽하게 할 수 있었고, 실제로 계산가로서 프톨레마이오스에 필적할 만한 사람을 찾으려면 멀리 그리고 폭넓게 찾아보아야 한다.

프톨레마이오스의 초기의 업적을 여기서 설명할 수 없는 것이 매우 유감스럽지만, 그것에 대한 적절한 이해를 하기 위해서는 독자들에게 미리 전제했던 것 이상으로 수학과 천문학에 대한 좀더 많은 지식을 요구한다. 여전히 정연하고 명료한 표현에 대한 프톨레마이오스의 능력은 일련의 정리들 전체를 통하여 빛나고 있다.

부 록

프톨레마이오스의 주전원 모형

그림 4.17은 프톨레마이오스가 수성을 제외한 모든 행성에 대해 사용했던 주전원(周轉圓: 중심이 큰 원의 둘레 위를 회전하는 작은 원) 모형을 나타낸다. 수성은 언제나 성가신 행성이었고 특별한 주의를 요구하기도 하였다. 천문학에 대해 알고 싶어하는 사람들에게는 흥미로울 것 같으므로 이 모형을 아주 간결하게 묘사한다. 그러나 이 모형을 이끌어냈던 프톨레마이오스의 추론에 대한 분석이나, 오늘날의 이론과 비교함으로써 그것의 효과를 정당화시키려는 어떠한 시도도 하지 않을 것이다.

그림 4.17에서 종이는 북극에서부터 보이기 시작하는 황도의 평면이다. **황도** 또는 **황도대**(ecliptic or zodiac)는 1년을 단위로 여행을 하는 태양의 행성 사이에 있는 또렷한 행로이다. 그것은 천구(天球)(별들은 지구에서 너무 떨어져 있어 마치 어느 별이나 밤하늘의 둥근 천장에 붙어 있는 것처럼 보이는데, 이 둥근 천장을 천구라고 한다)상에 있는 커다란 원이고, 열두 개의 부분 또는 각각 30°의 각을 이루는 12궁(宮)(백양궁, 금우궁, …)으로 나누어진다. 행성은 언제나 황도 가까이에서 보이기 때문에, 황도대는 항성 사이에 있는 행성의 유랑을 묘사하기 위한 참조원(a circle of reference)으로서 사용되었다. 그림에서 우리는 그

상황을 단순화시키고 있으며, 프톨레마이오스가 처음에 그랬던 것처럼 행성은 황도의 평면에 있다고 가정한다.

행성 P는 이제 주전원상을 운동하는 동안 중심 C'는 이심원(離心圓, deferent) 위를 움직인다. 관측자는 이심원의 중심 C에서 떨어져 있는 점 O에 앉아 있다. 거리 $OC=e$를 큰원의 **이심률**(eccentricity)이라 하고 O와 C를 지나는 직선은 항성에 대해 고정되어 있다. 이심원의 원지점 경도(그림 참조)는 일정하다(세차운동을 제외하고). 프톨레마이오스는 이 모형을 이심원의 반지름이 1이 되도록 표준화하였고 이런 단위로 하여 주전원(epicycle)의 반지름은 r다.

P의 운동은 다음과 같은 방법에 따라 결정된다. C'은 C가 아닌 점 E를 중심으로 시계반대 방향으로 일정하게 운동하며 점 E는 C에 대해서 점 O에 대칭점이다. 즉 $OE=e$. 이는 결국 각 α가 매일매일 같은 양으로 증가한다는 것을 의미한다. 따라서 날짜가 알려지고 어떤 특별히 고정된 날(시간 기점)에 그들의 값과 증가량을 알 수 있다면 α와 β값을 알 수 있다.

부언하자면, 이 각들은 O에서 태양에 이르는 방향이 E에서 금성에 대한 C'으로의 방향과 항상 같고, 또한 C'에서 외부 행성에 대한 P로의 방향과도 항상 같도록 변한다.

이제 이 모형에 대한 다음의 매개변수를 알고 있다고 하자.

1. r, 주전원의 반지름
2. e, 이심원의 이심률
3. 이심원의 원지점 경도

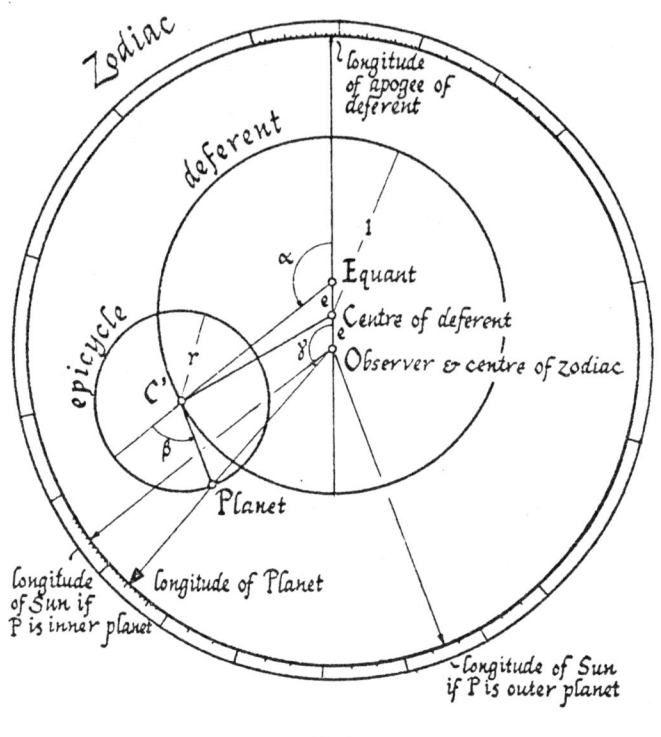

그림 4.17

4, 5. 시간 기점에서 α와 β의 값
6, 7. α와 β의 증가율

그러면 어떠한 주어진 시간에도 행성의 경도를 구할 수 있다. 주어진 시간에 대해 α와 β를 구할 수 있고, 그림은 그것들을 이심원의 원지점 경도에 더할 때 행성의 경도를 알려 주는 γ를

작도할 수 있다는 것을 보여 주고 있다.

만약 우리의 목적이 여러 개의 각으로 행성의 경로를 구하는 것이라면 계산기술로 이런 작도를 실행하는 방법들을 알아야 한다. 그러한 방법들은 정확하게 내가 위에서 이미 설명하였던 것들이다.

문제 풀이

1.1 세미콜론은 이 위치에 있어야 한다. 0;0,44,26,40.
81을 곱하면 문제의 주장이 증명된다.

1.4 $n = 2, 4, 8, 16$이면
$1/n\,(1 < n \leq 20)$은 유한 이진법 전개식을 갖는다.
만약
$n = 2, 4, 5, 8, 10, 16, 20$이면 $1/n$은 유한 십진법 전개식을 갖는다.
만약
$n = 2, 3, 4, 5, 6, 8, 9, 10, 12, 15, 16, 18, 20$이면 $1/n$은 유한 60진법 전개식을 갖는다.

1.7 p와 q는 서로 소이고 홀수가 아니므로 하나는 짝수이고 다른 하나는 홀수가 된다. 따라서 $p^2 + q^2$과 $p^2 - q^2$는 홀수이다. 그러므로 $x = 100 = 2pq$는 세 짝 중에서 짝수원이다. 그러므로 $pq = 2 \cdot 5^2$이고 따라서 $p = 25$, $q = 2$ 또는 $p = 50$, $q = 1$이 정리를 만족하는 유일한 것이다. 이것들은 세 짝을 각각

$$100, 621, 629 \text{와} 100, 2499, 2501$$

이 되게 한다.

비슷한 추론에 의해 p와 q는 짝수일 수가 없으므로 $2pq = 210$ 또는 $pq = 105 = 3 \cdot 5 \cdot 7$은 해를 갖지 않음을 알 수 있다. 더구나 $2pq = 420$ 또는 $pq = 210 = 2 \cdot 3 \cdot 5 \cdot 7$은

$$q = 1, 2, 3, 5, 7, 2 \cdot 3, 2 \cdot 5, 3 \cdot 5$$

에 대응하는 여덟 개의 해를 가짐을 알 수 있다.

$x = 35$면 x는 세 짝 중 홀수원이 틀림없다. 35는 두 개의 제곱수의 합이 될 수 없으므로 $35 = p^2 + q^2$이 성립하지 않고, 따라서 $x = p^2 - q^2$이 되어

$$p^2 - q^2 = (p+q)(p-q) = 35$$

가 된다. 그러므로 정리를 만족하는 유일한 해는

$$p = 6, \ q = 1; \quad p = 18, \ q = 17$$

이다.

1.8 곱셈표의 빠진 부분이 212쪽에 제시되어 있다.

2.1 우선 원주의 $1/n$에 대응하는 현 또는 정 n각형의 한 변에 대해 기호 c_n을 도입한다. 그러면 그림 2.5와 2.6에서

$$x = c_{10}.$$

이제 그림 2.6에서 $CE = c_5$ 또는

$$c_5^2 = c_{10}^2 + r^2$$

1	59	58	57	56	55	54	53	52	51	50	49	48	47	46	45	44	43	42	41
2	1.58	1.56	1.54	1.52	1.50	1.48	1.46	1.44	1.42	1.40	1.38	1.36	1.34	1.32	1.30	1.28	1.26	1.24	1.22
3	2.57	2.54	2.51	2.48	2.45	2.42	2.39	2.36	2.33	2.30	2.27	2.24	2.21	2.18	2.15	2.12	2.9	2.6	2.3
4	3.56	3.52	3.48	3.44	3.40	3.36	3.32	3.28	3.24	3.20	3.16	3.12	3.8	3.4	3.0	2.56	2.52	2.48	2.44
5	4.55	4.50	4.45	4.40	4.35	4.30	4.25	4.20	4.15	4.10	4.5	4.0	3.55	3.50	3.45	3.40	3.35	3.30	3.25
6	5.54	5.48	5.42	5.36	5.30	5.24	5.18	5.12	5.6	5.0	4.54	4.48	4.42	4.36	4.30	4.24	4.18	4.12	4.6
7	6.53	6.46	6.39	6.32	6.25	6.18	6.11	6.4	5.57	5.50	5.43	5.36	5.29	5.22	5.15	5.8	5.1	4.54	4.47
8	7.52	7.44	7.36	7.28	7.20	7.12	7.4	6.56	6.48	6.40	6.32	6.24	6.16	6.8	6.0	5.52	5.44	5.36	5.28
9	8.51	8.42	8.33	8.24	8.15	8.6	7.57	7.48	7.39	7.30	7.21	7.12	7.3	6.54	6.45	6.36	6.27	6.18	6.9
10	9.50	9.40	9.30	9.20	9.10	9.0	8.50	8.40	8.30	8.20	8.10	8.0	7.50	7.40	7.30	7.20	7.10	7.0	6.50
11	10.49	10.38	10.27	10.16	10.5	9.54	9.43	9.32	9.21	9.10	8.59	8.48	8.37	8.26	8.15	8.4	7.53	7.42	7.31
12	11.48	11.36	11.24	11.12	11.0	10.48	10.36	10.24	10.12	10.0	9.48	9.36	9.24	9.12	9.0	8.48	8.36	8.24	8.12
13	12.47	12.34	12.21	12.8	11.55	11.42	11.29	11.16	11.3	10.50	10.37	10.24	10.11	9.58	9.45	9.32	9.19	9.6	8.53
14	13.46	13.32	13.18	13.4	12.50	12.36	12.22	12.8	11.54	11.40	11.26	11.12	10.58	10.44	10.30	10.16	10.2	9.48	9.34
15	14.45	14.30	14.15	14.0	13.45	13.30	13.15	13.0	12.45	12.30	12.15	12.0	11.45	11.30	11.15	11.0	10.45	10.30	10.15
16	15.44	15.28	15.12	14.56	14.40	14.24	14.8	13.52	13.36	13.20	13.4	12.48	12.32	12.16	12.0	11.44	11.28	11.12	10.56
17	16.43	16.26	15.9	15.52	15.35	15.18	15.1	14.44	14.27	14.10	13.53	13.36	13.19	13.2	12.45	12.28	12.11	11.54	11.37
18	17.42	17.24	17.6	16.48	16.30	16.12	15.54	15.36	15.18	15.0	14.42	14.24	14.6	13.48	13.30	13.12	12.54	12.36	12.18
19	18.41	18.22	18.3	17.44	17.25	17.6	16.47	16.28	16.9	15.50	15.31	15.12	14.53	14.34	14.15	13.56	13.37	13.18	12.59
20	19.40	19.20	19.0	18.40	18.20	18.0	17.40	17.20	17.0	16.40	16.20	16.0	15.40	15.20	15.0	14.40	14.20	14.0	13.40
21	20.39	20.18	19.57	19.36	19.15	18.54	18.33	18.12	17.51	17.30	17.9	16.48	16.27	16.6	15.45	15.24	15.3	14.42	14.21
22	21.38	21.16	20.54	20.32	20.10	19.48	19.26	19.4	18.42	18.20	17.58	17.36	17.14	16.52	16.30	16.8	15.46	15.24	15.2
23	22.37	22.14	21.51	21.28	21.5	20.42	20.19	19.56	19.33	19.10	18.47	18.24	18.1	17.38	17.15	16.52	16.29	16.6	15.43
24	23.26	23.12	22.48	22.24	22.0	21.36	21.12	20.48	20.24	20.0	19.36	19.12	18.48	18.24	18.0	17.36	17.12	16.48	16.24
25	24.35	24.10	23.45	23.20	22.55	22.30	22.5	21.40	21.15	20.50	20.25	20.0	19.35	19.10	18.45	18.20	17.55	17.30	17.5
26	25.34	25.8	24.42	24.16	23.50	23.24	22.58	22.32	22.6	21.40	21.14	20.48	20.22	19.56	19.30	19.4	18.38	18.12	17.46
27	26.33	26.6	25.39	25.12	24.45	24.18	23.51	23.24	22.57	22.30	22.3	21.36	21.9	20.42	20.15	19.48	19.21	18.54	18.27
28	27.32	27.4	26.36	26.8	25.40	25.12	24.44	24.16	23.48	23.20	22.52	22.24	21.56	21.28	21.0	20.32	20.4	19.36	19.8
29	28.31	28.2	27.33	27.4	26.35	26.6	25.37	25.8	24.39	24.10	23.41	23.12	22.43	22.14	21.45	21.16	20.47	20.18	19.49
30	29.30	29.0	28.30	28.0	27.30	27.0	26.30	26.0	25.30	25.0	24.30	24.0	23.30	23.0	22.30	22.0	21.30	21.0	20.30
31	30.29	29.58	29.27	28.56	28.25	27.54	27.23	26.52	26.21	25.50	25.19	24.48	24.17	23.46	23.15	22.44	22.13	21.42	21.11
32	31.28	30.56	30.24	29.52	29.20	28.48	28.16	27.44	27.12	26.40	25.8	25.36	25.4	24.32	24.0	23.28	22.56	22.24	21.52
33	32.27	31.54	31.21	30.48	30.15	29.42	29.9	28.36	28.3	27.30	26.57	26.24	25.51	25.18	24.45	24.12	23.39	23.6	22.33
34	33.26	32.52	32.18	31.44	31.10	30.36	30.2	29.28	28.54	28.20	27.46	27.12	26.38	26.4	25.30	24.56	24.22	23.48	23.14
35	34.25	33.50	33.15	32.40	32.5	31.30	30.55	30.20	29.45	29.10	28.35	28.0	27.25	26.50	26.15	25.40	25.5	24.30	23.55
36	35.24	34.48	34.12	33.36	33.0	32.24	31.48	31.12	30.36	30.0	29.24	28.48	28.12	27.36	27.0	26.24	25.48	25.12	24.36
37	36.23	35.46	35.9	34.32	33.55	33.18	32.41	32.4	31.27	30.50	30.13	29.36	28.59	28.22	27.45	27.8	26.31	25.54	25.17
38	37.22	36.44	36.6	35.28	34.50	34.12	33.34	32.56	32.18	31.40	31.2	30.24	29.46	29.8	28.30	27.52	27.14	26.36	25.58
39	38.21	37.42	37.3	36.24	35.45	35.6	34.27	33.48	33.9	32.30	31.51	31.12	30.33	29.54	29.15	28.36	27.57	27.18	26.39
40	39.20	38.40	38.0	37.20	36.40	36.0	35.20	34.40	34.0	33.20	32.40	32.0	31.20	30.40	30.0	29.20	28.40	28.0	27.20
41	40.19	39.38	38.57	37.16	37.35	36.54	36.13	35.32	34.51	34.10	33.29	32.48	32.7	31.26	30.45	30.4	29.23	28.42	28.1
42	41.18	40.36	39.54	39.12	38.30	37.48	37.6	36.24	35.42	35.0	34.18	33.36	32.54	32.12	31.30	30.48	30.6	29.24	
43	42.17	41.34	40.51	40.8	39.25	38.42	37.59	37.16	36.33	35.50	35.7	34.24	33.41	32.58	32.15	31.32	30.49		
44	43.16	42.32	41.48	41.4	40.20	39.36	38.52	38.8	37.24	36.40	35.56	35.12	34.28	33.44	33.0	32.16			
45	44.15	43.30	42.45	42.0	41.15	40.30	39.45	39.0	38.15	37.30	36.45	36.0	35.15	34.30	33.45				
46	45.14	44.28	43.42	42.36	42.10	41.24	40.38	39.52	39.6	38.20	37.34	36.48	36.2	35.16					
47	46.13	45.26	44.37	43.52	43.5	42.18	41.31	40.44	39.57	39.10	38.23	37.36	36.49						
48	47.12	46.24	45.36	44.48	44.0	43.12	42.24	41.36	40.48	40.0	39.12	38.24							
49	48.11	47.22	46.33	45.44	44.55	44.6	43.17	42.28	41.39	40.50	40.1								
50	49.10	48.20	47.30	46.40	45.50	45.0	44.10	43.20	42.30	41.40									

을 증명한다. 그림 2.5에서 $\triangle ABC$의 꼭지점 A에서 높이 AD를 내리면 $x = c_{10}$이 되고, AD는 호 AB의 두 배에 해당하는 현의 절반이므로

$$AD = \frac{1}{2} c_5.$$

$OC = x = c_6$임을 주목하면 $CB = r - c_{10}$이 되고

$$DB = \frac{1}{2}(r - c_{10}).$$

직각 삼각형 ADB에서

$$AD^2 + DB^2 = AB^2$$

또는

$$\frac{1}{4}c_5^2 + \frac{1}{4}(r - c_{10})^2 = c_{10}^2$$

이 성립하는데 이것은

$$c_5^2 = 3c_{10}^2 + 2rc_{10} - r^2$$

으로 간단히 정리된다. 그러나 85쪽에 있는 방정식 (1)로부터

$$rc_{10} = r^2 - c_{10}^2$$

을 얻을 수 있는데, 앞의 방정식에 대입하면

$$c_5^2 = c_{10}^2 + r^2$$

이 되어 증명이 끝난다.

3.1 그림 3.4에서 지름 $CD = 2a$인 반원을 그려라. 그것의 중심 E로부터 점 A까지 반지름을 그려라. 이등변 삼각형 AOE에서 밑각은 $\alpha - \beta$이다. 이등변 삼각형 EAD에서

밑각은 β이지만, $\angle OEA = \alpha - \beta$는 $\triangle EAD$의 외부에 있으므로

$$\alpha - \beta = 2\beta$$

그러므로 $\alpha = 3\beta$가 된다.

4.7 crd $1° \sim 1;2,50$ 이므로 360다각형의 둘레는

$$360 \text{ crd } 1° \sim 6,17 \sim 원의 원주$$

그러므로

$$\pi = \frac{원주}{지름} \sim \frac{6,17}{2,0} = 3;8,30$$

또는 소수로는 $3.141616\cdots$. π에 대한 오늘날의 소수 전개는

$$3.14159\cdots$$

로 시작하고 아르키메데스의 하계와 상계는

$$3.14084\cdots < \pi < 3.14285\cdots$$

이며, 프톨레마이오스의 crd $1°$에 대한 값은 약간 더 크다.

추천 도서

1. Otto Neugebauer, *The Exact Sciences in Antiquity*. 2nd edition. Providence: Brown University Press, 1957.
   고대 수학과 천문학 분야에서 으뜸 가는 학자가 그 분야에서 나온 다양한 주제들을 훌륭하게 처리하였고, 참고문헌을 풍부하게 포함하고 있다.

2. B.L. van der Waerden, *Science Awakening*. 2nd edition. Oxford University Press, 1961.
   현대 수학에 중요한 기여를 함으로써 잘 알려진 한 학자가 고대 수학에 대하여 훌륭하고 논리 정연한 소개를 한 책이며 고대 천문학에 대한 제2권을 준비 중이다.

이 두 문헌은 네 개의 장 모두에 관련되어 있고 그리스 수학에 대한 부분에 대해서는 다음의 문헌을 참고하자.

3. Sir Thomas L. Heath, *A History of Greek Mathematics*. 2 vols, Oxford, 1921.
   그리스 수학의 위대한 성취에 대한 기본 저작이다. 그리스 이전의 수학이 관련되는 한 위의 문헌은 도움이 되지 않으며 그리스 이전의 수학에 관련해서는 다음의 요약된 번역서를 참고하라.

4. Sir Thomas L. Heath, *A Manual of Greek Mathematics*. 1 vol. Oxford, 1931. Republished 1963 by Dover Publications.

각 장에 대해서는 다음 문헌을 참고하라.

제 1 장

5. Otto Neugebauer and A. Sachs, *Mathematical Cuneiform Texts*. New Havens, 1945.

   대부분 미국의 자료를 출처로 하여, 수학을 주제로 한 학문적인 출판물이다.

피타고라스 수에 대한 정리의 초보적인 증명과 세부적인 증명에 대해서는 아래의 문헌을 참고하라.

6. Hans Rademacher and Otto Toeplitz, *The Enjoyment of Mathematics*. Princeton University Press, 1957.

   역량 있고 매력적으로 씌어진 초보적인 서적이다.

메소포타미아에 있는 고고학적 문제와 기술에 대한 훌륭한 소개를 찾아볼 수 있다.

7. Edward Chiera, *They Wrote on Clay*. Phoenix Books(paperback). Several editions since 1938.

제 2 장

8. *The Thirteen Books of Euclid's Elements*, translated from the text

of Heiberg, with introduction and commentary, by Sir Thomas L. Heath. 3 vols. New York: Dover Publications, 1956.
유클리드에 대한 많은 주(註)와 설명이 있는 최고의 영문 번역서이다.

제3장
아르키메데스의 작품이 현대 수학적 표기법으로 번역되고 수정되었다.

9. *The Works of Archimedes*, ed. Thomas L. Heath. New York: Dover Publications.

아르키메데스 작품의 좀더 깊은 분석에 대해서는 다음 문헌을 참고하라.
10. E. J. Dijksterhuis, *Archimedes*. Copenhagen: E. Munksgaard, 1956.

작도에 대한 논의를 위해서는 (초보적인 수준은 아님) 다음의 문고본들이 유용하다.
11. *Monographs on Topics of Modern Mathematics*, ed. J. W. A. Young. NewYork: Dover Publications, 1955 (chapter by L.E. Dickson).
12. Felix Klein, *Famous Problems of Elementary Geometry*. New York: Dover Publications, 1956.

13. R. Courant and H. Robbins, *What is Mathematics?* Oxford, 1941.

    초등수학의 해설에 대한 걸작품이고 놀라운 범위와 풍부함을 지닌 서적이다.

고대에서 현대에 이르기까지 수학사의 간략한 조사를 필요로 하는 독자는 다음 문헌을 참고하라.

14. Dirk J. Struik, *A Concise History of Mathematics.* New York: Dover Publications, 1948.

찾아보기

[ㄱ]

가우스 79,132
각의 삼등분 124,136,140,148,204
갈루아 120
감마 168
개체발생 3
거듭제곱 16,19,20,102,112
〈고결한 그리스인과 로마인의 삶〉 116
곱셈표 10,26,27,31,211
공리 72,73,75,124
공리학 77
공준 71,72,77
구 119,125,149,151,155
구면기하학 71
구면 삼각법 182
〈구에 관하여〉 124
〈구와 원기둥에 관하여〉 123, 125,149
구의 체적(표면적) 4,149,157
극 127
극좌표 126
근사값 45,46,204
기수법 128

기약분수 28
기하학의 기초 76
기하학적 대수 66,80,93,95
기하학적 해 66

[ㄴ]

나선 126
〈나선에 관하여〉 122,123,126
내접사변형 188
뉴턴 69
neusis 작도 139,142,148

[ㄷ]

다이감마 168
단위자리 22,23,24,25
달꼴 58
닮음 80
덧셈공식 194,196
덧셈표 26
데데킨트 69
데모크리투스 58,151
도르래 117,118,130
독립성 74
동치작도 131

[ㄹ]

라이프니츠 69
랜드리 135
로바체프스키 79
르네상스 시대 54
린드 파피루스 48

[ㅁ]

마르켈루스 118,119
마쉐로니 132
메나에크무스 70
메소포타미아 7,19,20
〈모래계산가〉 116,123,128
모멘트 153
모스크바 파피루스 48
모어 132
무게중심 125
무리수(성) 60,62,80,101,112
무모순성 74
물리학 1,62
밀도 121
밀레투스 57
밑 24,28

[ㅂ]

바이어슈트라스 69
반각공식 193,205
반직선 126
반현 181

〈방법〉 123,129,149,150,151,160
보각 109,146,187,192,194
보간법 173
〈보조정리집〉 124,137
보호 190
복리표 33
볼리아이 79
부력의 법칙 125,212
부정 78
부채꼴 201
〈부체에 관하여〉 123,125
분 34,173
비례중항 95,101
비유리수성 63
비유클리드 기하학 78
비율의 상등 67
비의 이론 112
빗변 93,95

[ㅅ]

사다리꼴 42,45
사모스 57
사케리 78
삼각법 4,166
삼각표 83,164,169
삼각형의 측정 166
삼피 168
상계 214

셀레우쿠스 15,34,42,164
세켈 30
소수 81,82,133,214
소인수 17,81,82
쇼이 124,141
쇼펜하우어 94
수론 80
수열 82
수직(수평)쐐기 11,12,13,18
수 체계 9,20
〈수학 모음집〉 165
〈수학자와 천문학자로서의 바빌로니아인〉 7
〈스토마키온〉 124
스토바에우스 70
스티그마 168
시간 기점 208
시라쿠사 55,116
시실리 섬 116,149
실진법 80
십진법 24,27,28,32,210
십진 분수 24,205
쌍곡선 148
쐐기문자 9,18,34
crd 170

[ㅇ]────────
〈아라비안나이트 이야기〉 53
아르키메데스 4,55,70,115,122,124,217
아르키메데스 나선 126
아리스타쿠스 128
아리스토텔레스 4,60
아벨 69,120
아우톨리코스 55
아인슈타인 120
아킬레스 62,63
아폴로니우스 55
알-라시드 53
알렉산더 대왕 55
알렉산드리아 55,163
〈알마게스트〉 4,50,163,166,167,172,175,196
알-하지즈 54
에라토스테네스 150
에우데무스 58
에우독소스 67,68
에우독소스의 비례론 80
영(zero) 14,23,168
오일러 69,134
와우 168
완비성 73
외접원 86,108,133,145,147
외접원기둥 149,152,157,159
외항 101
〈원론〉 4,51,52,53,54,55,56,67,70,80,83,152,164,184

원뿔 148,151,155,156,158
원뿔 곡선 56,71,148
원시 피타고라스 쌍 46,47
〈원의 측정〉 123,126
원적문제 128
원주각 148,189
원지점 207,208
원추곡선론 164
원판 156
월식 164
위치 24
위치 수 체계 23
유레카 121
유리수 비율 66
유클리드 4,5,51,52,70,83,88,89, 99,110,111,112,136,200,217
유클리드 기하학 79
유클리드 호제법 81
60진법 24,28,48,170,204,210
60진 분수 24
이등변 삼각형 53,84,107,109, 138,146,213
이심률 207,208,209
이심원 207,208
이진법(수) 25,26,27
이차 방정식 5,35,36,44,100
입체기하학 80

[ㅈ]

자 86,130,131,132,136
자릿값 24
자릿수 13
자이브 181
작도 83,86,92,106,124,130,136, 137,197,209
잠베르티 54
적분 160
전자계산기 135
점성학 166
점토판 8,10,15,18,35,41,186
접선 102,106
정사각형 38,94,97,99
정사각형화 59
정사영 95
정십각형 84
정십이면체 83
정역학 129
정오각형의 작도 83,101,110,112
정육면체 67
정의 71
제곱근표 33
제논 60
제논의 역설 62
정칠각형 143,145
주수 31
주전원 206,207

중력중심 156
쥐덫 증명 95
지레의 법칙 125,152
지바 181
지질학 166
직교좌표 148

[ㅊ]
참조원 206,208
천구 206
천체운동 124
체인 112
초 34

[ㅋ]
칸토어 69
컴퍼스 86,130,131,132,136
코시 69
코파 168
코페르니쿠스 166
콩도르세 120
쿠라 124,137,141
키오스 58
키케로 149

[ㅌ]
탈레스 57
태양중심설 129
테아에테투스 70
테온 53

토마호크 140
톨레미 70,163
통념 71,72

[ㅍ]
파르메니데스 60,63
파푸스 118
파피루스 52,168
페르가 55
페르마 134
페르마 소수 134
페이니 163
페이디아스 116
평면기하학 130
〈평면도형의 평형에 관하여〉
  122,125,153
평행 공준 77,79
평행사변형 89,90,91
〈포물선 구적법〉 123,128
포물활꼴 128
포에니 전쟁 116
표제 15
표준역수표 32
프로클로스 70
프톨레마이오스(톨레미) 4,33,
  163,164,169,182,186,206
프톨레마이오스 정리 189
플라톤 5,67

플루타르크　115,118,119
피타고라스　57
피타고라스 3쌍　46,47
피타고라스 수　46,216
피타고라스 정리　41,43,45,48,86,
　93,99,104,111,169,175
피타고라스 학파　57,58

[ㅎ]
하계　214
하이베르크　53,123
합동　93
합동정리　80
합성수　81,82
(대수적)항등식　97
해석기하학　74
행성　206,207
현　106,144,147,170,212
현표　167,171,194,199,204
현함수　181
헤드리안　163
헤로도투스　56
헬레니즘　172
헬레니즘 시대　55
화성학　166
황금분할　102
황도(대)　206,207
활꼴　59
히스　53,71,124,150,158
히에로니무스　118
히에론 왕　117
히파르쿠스　182
히포크라테스　58,60
히포크라테스의 달꼴　58
힐베르트　76